Ballenas, elefantes, albatros y
el efecto invernadero

VICENTE PADILLA

Ballenas, elefantes, albatros y el efecto invernadero

GUADALMAZÁN

Ilustraciones de Antonio Cuesta con asistencia de Midjourney.

Guadalmazán • Colección Divulgación Científica
Edición de Antonio Cuesta

www.editorialguadalmazan.com
guadalmazan@almuzaralibros.com

Talenbook, s.l.
C/ Cervantes, 26 · 28014 · Madrid

Imprime: Liberdúplex
ISBN: 978-84-19414-66-3
Depósito Legal: M-10460-2025

Hecho e impreso en España - *Made and printed in Spain*

A mis padres, Juan José y María Teresa,
que lo dieron todo por nosotros.

Índice

Agradecimientos 17
Prólogo 19

1. NO ME CONFUNDAS CON LOS HECHOS 23
    No me confundas con los hechos 25
    Tecnoptimismo 28
    Cuatro mitos 30
    Los residuos son inevitables 32

2. BALLENAS, ELEFANTES Y ALBATROS 35
    Órdenes de magnitud 37
    Densidad de la energía solar 38
    Eficiencia de la fotosíntesis 39
    Intensidad de la energía consumida por los animales ... 42
    Necesidades territoriales 49

3. LOS RESIDUOS SON INEVITABLES 53
    Una historia al calor de los avances científicos 56
    La casa de los hermanos Collyer 59
    El valor del orden 61
    La Segunda Ley de la Termodinámica 63
    Ley del Incremento de los Residuos 65
    Más rápido, más residuos 67
    ¿Podremos alguna vez reducir la entropía o los residuos? ... 69
    La Playa de Cristal 73
    Los residuos materiales y el calor residual son intercambiables ... 75
    Conclusión 77

4. ABUNDANCIA DE ENERGÍA 79
    ¿Por qué necesitamos energía? 81
    ¿Qué es la energía? 84
    Transformación energética 85
    Transición completa hacia la energía solar 88
    Calidad de la energía 89
    Pérdidas de energía 93
    Almacenando energía solar 97
    Conclusión 102

5. LA MALDICIÓN DE LA EFICIENCIA...103
   Paradoja de Jevons...107
   Eficiencia en la naturaleza...111
   Eficiencia y océanos..113
   El impacto de la eficiencia en el transporte aéreo.....................115
   Tamaño, la tragedia de la eficiencia...................................119
   Eficiencia del sistema de transporte ferroviario......................122
   ¿Puede funcionar la eficiencia en algún caso?..........................127
   Conclusión..128

6. LA FALACIA DEL DESACOPLAMIENTO DEL CARBONO..........................131
   Lago Apestoso...133
   Curva Ambiental de Kuznets...135
   Contaminación y residuos...137
   Fuga de carbono...139
   Manger son pain blanc...143
   Quebec. Un caso de estudio...149
   Conclusión..151

7. EL PENSAMIENTO PRIMITIVO..153
   Exploradores de la Luna..153
   Intensidad de los residuos...157
   Sumideros sin límites...160
   Diferentes formas de gestionar los residuos. La forma correcta.........167
   Conversión de residuos materiales en calor residual....................169

8. LA FACTURA DE LA LIMPIEZA...171
   Reciclaje, una larga historia..174
   Coste energético de revertir un proceso................................177
   Coste energético del reciclaje de residuos.............................179
   Sistema de reciclaje de dióxido de carbono de la Tierra................182
   Producción de alimentos. Comiendo combustibles fósiles.................185
   Coste energético de la fabricación de combustible sintético............187
   Conclusión..189

9. EL MUNDO NO ES SUFICIENTE...191
   Estimaciones aproximadas...193
   Superficie disponible para la captura de energía.......................194
   Necesidades energéticas de la humanidad................................196
   Captura de energía renovable...200
   ¿Cuánta energía podemos capturar con paneles fotovoltaicos?............202
   Necesidades de terreno...204
   ¿Es viable?...204
   Conclusión..206

10. SUBIENDO EL MONTE MIJAS 207

    La Tragedia de los Comunes 209

    Restricciones de la libertad 210

    Cuotas 214

    Energía nuclear 218

    Primero las malas noticias 222

    El estrecho sendero de la descarbonización 223

    Ernest Shackleton 229

EPÍLOGO 233

    Declive de la producción de petróleo 235

    Inercia de la economía 237

    Países reacios al cambio 239

    Adelantándose a la competencia 241

    Descuento hiperbólico 242

    La hora del cambio 243

Notas 247

Agradecimientos

Los libros se escriben en silencio, acompañados por la soledad, el ordenador y una taza de café bien cargado. A menudo te asaltan las dudas, son las dudas sobre la nobleza de cada página. Durante meses estas me acompañaron con cada letra, con cada palabra, con cada párrafo, y cuando tuve listo el manuscrito, no me quedó más remedio que someterlo a juicio de mi círculo más cercano. Quiero agradecer a mis amigos Luis Utrilla, Antonio Zafra, Antonio Gómez-Guillamón y José Antonio Fernández por su paciencia lectora y sus apreciados comentarios. Rosario Cano y Ángel Lucena por facilitarme la búsqueda del editor. En especial, quiero agradecer a mi mujer Brenda por sus duros e implacables comentarios. Ni a mi ego ni a mí nos fue fácil aceptarlos y mucho menos admitir los cambios. Ahora bien, ambos reconocemos que este libro, sin sus sabios consejos, jamás se hubiera publicado. Gracias a todos.

Prólogo

*Los residuos son inevitables,
el derroche es voluntario.*

En enero de 2023, el *Financial Times*[0.1] publicó un artículo en el que aseguraba que la época de la abundancia energética estaba mucho más cerca de lo que nos imaginábamos. El artículo disertaba con entusiasmo sobre cómo la energía renovable, en particular la eólica, había sido capaz de generar más de la mitad de la electricidad en el Reino Unido. Más aún, en algunas partes de Escocia, la red eléctrica era capaz de operar regularmente sin emisiones. «Lo mejor está por venir» decía su autor, «si se quiere, la posibilidad de una energía limpia, abundante e inagotable está al alcance de nuestra mano. La única restricción es nuestra capacidad de invertir y construir». Hay muchos otros países avanzados con resultados similares en renovables.

Si esto es así, ¿por qué no hay más avances en la lucha contra el cambio climático? ¿Qué es lo que está pasando? ¿Es una falta de compromiso político? ¿Son intereses económicos de unos pocos? ¿Es una falta de inversiones en nuevas tecnologías?

Este libro trata de dar respuesta a estas preguntas y exponer las causas de la parálisis en la transición energética. Le adelanto que no existe una conspiración maléfica de la industria petrolera, tampoco es una falta de voluntad política, es simplemente una consecuencia de las leyes de la física.

La idea de escribirlo surgió durante una comida con unos amigos con los que me reúno de vez en cuando. El asunto de las emisiones de dióxido de carbono surgió en la sobremesa. Existen muchos mitos al respecto y, por ejemplo, bastante gente ve en el hidrógeno el nuevo «Eldorado» energético. «Hay mucha agua», dijo uno de mis amigos, «solo tenemos que fabricar hidrógeno a partir de ella».

El hidrógeno es el elemento más abundante en el universo, es el combustible del sol y es un componente básico en la molécula de agua. El hidrógeno se encuentra en la glucosa, las proteínas, los alcoholes, las grasas y los aceites. El hidrógeno forma parte de ciertos minerales y sales. También se encuentra en hidrocarburos como el metano y otros combustibles fósiles. La vida no podría existir sin él. Pero el hecho de que sea omnipresente no significa que podamos aprovecharlo.

Para una persona sin conocimientos técnicos es sencillo no reparar que el agua es hidrógeno ya quemado. Es como dinero gastado, ha perdido su capacidad de compra. El hidrógeno virgen para quemar no se encuentra en la naturaleza. No existen depósitos de hidrógeno como las minas de carbón o los pozos de petróleo. Al menos no en la cantidad que se necesita. El átomo de hidrógeno es muy reactivo y por eso su potencial energético en estado natural está ya consumido. No vale como fuente de energía. Peor aún, generar hidrógeno a partir de una molécula de agua requiere energía, mucha más de la que se obtendría una vez aislado. Como decía mi abuela, nos va a salir más caro el caldo que las albóndigas. ¿Cómo explico esto sin entrar en confusos conceptos termodinámicos como la energía o la exergía?

Me acordé de la historia del vehículo blindado que se estrelló en una autopista de San Diego, California, desparramando bolsas llenas de dinero en efectivo. Billetes de diferentes importes volaron por el aire y se esparcieron por toda la carretera. En cuestión de segundos, decenas de personas salieron corriendo hacia el dinero, recogiendo billetes y metiéndolos en sus bolsillos, mochilas y bolsos. Cuando las autoridades llegaron al lugar, advirtieron a los presentes que recoger dinero era ilegal. Había que devolverlo. Algunas personas lo hicieron, pero no se recuperó todo el dinero, la mayor parte se quedó en los bolsillos de los que por allí pasaban.

Algo parecido le pasa al hidrógeno. El átomo de hidrógeno es muy reactivo y, como los billetes de San Diego, el hidrógeno fácilmente encuentra un «amigo». Por eso no se encuentra aislado en la naturaleza y no vale como fuente de energía. Otra cosa sería utilizarlo como un instrumento para almacenar energía. Ahora bien, no nos va a salir nada barato. Una vez convertido en agua —o cualquier otro elemento químico—, es muy difícil romper la molécula y recuperar el hidrógeno. Cuesta tanto como recuperar el dinero desparramado del vehículo blindado de San Diego. Misión imposible. Si queremos usar el agua, mejor para beberla.

La experiencia ilustrativa con mi grupo de amigos me dio esperanzas. La transición energética es un tema muy complejo y lleno de mitos, pero me di cuenta de que es posible hacerlo accesible. Por esta razón escribí este libro y por eso decidí hacerlo divulgativo. Quería llegar al mayor número posible de gente.

El libro explica complejos conceptos físicos con ejemplos de la vida cotidiana, como la historia del dinero de la autopista de San Diego. Está escrito para personas sin ningún conocimiento técnico, pero con cierta curiosidad intelectual sobre la transición energética y el cambio climático. Usted llegará a entender lo que se puede lograr y, lo que no se puede, en materia de energía renovable. Comprenderá por qué hay tan pocos avances en nuestros esfuerzos por reducir emisiones.

Un último apunte. Este libro habla de energía, pero no es sobre energía, es sobre el futuro. Hace muchos años, conocí a una persona cercana que había heredado un montón de dinero. El chaval era entonces joven, y pudo haber usado el dinero para comprarse una casa o cursar estudios. No fue así. Se volvió loco gastando, y en menos de un año, se lo había pulido todo. Algo parecido estamos haciendo con los combustibles fósiles. El carbón, el petróleo y el gas necesitaron millones de años para formarse, una herencia del pasado que estamos consumiendo en unos cientos de años. Con o sin calentamiento global, algún día se acabarán, como el dinero del joven heredero.

¿Es posible vivir solo con energía renovable? Vamos a verlo.

1. NO ME CONFUNDAS CON LOS HECHOS

Porque, a menudo, el gran enemigo de la verdad no
es la mentira —premeditada, fabricada y deshonesta—
sino el mito —persistente, seductor e ilusorio.
JOHN F. KENNEDY. Presidente de EE. UU.

En la película *La aventura del Poseidón* de 1972, un enorme mare-
moto hace volcar el barco, sumiendo a los pasajeros y a la tripulación
en el caos. Una vez que la nave se asienta en su nueva posición invertida, los supervivientes se dan cuenta de que deben desplazarse por
la nave invertida para encontrar una salida. El reverendo Scott reúne
a un grupo de supervivientes bajo su liderazgo y comienza un peligroso viaje hacia arriba, que sería en realidad hacia abajo si el barco
estuviera es su posición natural. Durante la huida, el grupo de Scott
se encuentra con otro grupo de supervivientes, que se mueven en la
dirección opuesta. Este grupo incluye a otros miembros de la tripulación del barco y pasajeros que intentan llegar a la proa. Scott intenta
persuadir a este grupo de que se una a ellos, argumentando que la
sala de máquinas en la popa es su mejor oportunidad para escapar, ya
que está cerca de la parte más delgada del casco. Todo es inútil, tras
un tenso intercambio de opiniones, los dos grupos toman caminos
diferentes. Al final de la película, desde el helicóptero de rescate solo
se pueden ver las hélices del barco. Scott tenía razón, y únicamente
un puñado de pasajeros sobrevive.

Debo empezar diciendo que resolver el problema de las emisiones de gases de efecto invernadero, o cualquier problema de resi-

duos, no será fácil, como tampoco lo fue escapar del Poseidón. Sin embargo, he escrito este libro porque quiero asegurarme de que los responsables de la toma de decisiones sepan lo que funciona y, sobre todo, lo que no funciona. Quiero que asuman el papel del reverendo Scott y nos lleven en la dirección correcta. Cualquier solución que se nos ocurra debe cumplir con las leyes de la física tal y como las conocemos. No podemos esperar resolver el problema de las emisiones aplicando una solución que viole estas leyes. Simplemente, no sucederá. Tratar de combatir las emisiones solo con más tecnología es como tratar de recoger naranjas cultivando patatas: es absurdo. Desafortunadamente, esto es lo que estamos haciendo.

Desde los años 70, la ciencia ha levantado la voz de alarma sobre el impacto de las actividades humanas en el cambio climático, lo que ha llevado a una creciente preocupación por las emisiones de gases de efecto invernadero, especialmente en los países ricos. No todo el mundo está de acuerdo, pero muchos de los que creen en el calentamiento global están convencidos de que el problema se puede resolver aumentando el uso de energías renovables, mejorando la eficiencia energética e invirtiendo en tecnologías innovadoras como la captura y el almacenamiento de dióxido de carbono.

Para cuando se publique este libro, se habrán celebrado 29 conferencias internacionales para combatir el cambio climático. Sin embargo, a pesar de los acuerdos y las promesas de reducción de emisiones por los países, hasta ahora, ha habido muy pocos avances.

Esta falta de avances no es debida a una falta de inversión en nuevas tecnologías, o voluntad política. Es simplemente debido a las leyes de la física. Las energías renovables tienen su límite, y no todo es posible. Como veremos, nuestra sociedad es extremadamente intensiva en consumo de energía, y nuestro mundo actual solamente es posible con combustibles fósiles o energía nuclear. Más aún, las leyes de la física hacen también inevitable la generación de residuos, y el dióxido de carbono, no es más que un tipo de residuo. La solución a este enredo no es fácil.

Finalmente, cuando se trata del calentamiento global, hay negacionistas, no-tan-urgentistas, amigos del ecoblanqueo, y verdaderos creyentes. He escrito este libro pensando en los verdaderos creyentes, aquellos que están realmente preocupados y quieren cambiar las cosas. Explicaré que, cuando se trata de energía, algunos de los esfuerzos realizados nos están llevando irónicamente en la dirección equivocada. Quiero que sean conscientes de lo que se puede conseguir con la tecnología y, sobre todo, de lo que no se puede conseguir. Quiero que elijan la dirección correcta y que no sigan el camino erróneo como los malogrados pasajeros del Poseidón.

NO ME CONFUNDAS CON LOS HECHOS

En 1953, un grupo conocido como Los Buscadores, también llamado La Hermandad de los Siete Rayos, se reunía en una iglesia cristiana bajo el liderazgo de Dorothy Martin en Chicago. Creían que un diluvio catastrófico destruiría la Tierra el 21 de diciembre de 1954 y que un ovni los rescataría. El grupo se estuvo preparando con entusiasmo para el apocalipsis, vendiendo sus posesiones, renunciando a sus trabajos y cortando los lazos con amigos y familiares en previsión del inminente final. Cuando llegó el 21 de diciembre y la profecía no se cumplió, en lugar de abandonar la idea de un rescate y traslado mediante un ovni a un planeta seguro, el grupo perseveró e interpretó la ausencia del cataclismo como evidencia de una intervención divina. Dorothy Martin afirmó que las oraciones del grupo habían evitado el desastre y que los seres extraterrestres habían perdonado a la Tierra debido a su fe.

Las personas tienden a aferrarse a sus creencias, incluso frente a información abrumadora que prueba lo contrario. Los psicólogos se refieren a este fenómeno como la perseverancia en las creencias. Muchas personas, incluso cuando se les presenta evidencia concluyente que contradice sus ideas, continúan manteniéndolas en lugar de cuestionarlas.

Todos podemos sentirnos inmunes a este fenómeno, pero somos más propensos al autoengaño de lo que estamos dispuestos a admitir. Cuando nos enfrentamos a pruebas que contradicen nuestras ideas preconcebidas, para reducir el malestar, rechazamos la nueva información o la reinterpretamos para que se ajuste a nuestra forma de pensar. Más aún, las personas en general buscan información que confirme sus ideas y evitan lo que las contradice. Por ejemplo, nada es más alentador para un progresista que una conferencia sobre las virtudes del estado de bienestar. Del mismo modo, nada es más agradable para un conservador que un discurso sobre la merecida recompensa del esfuerzo individual. Nos gusta escuchar lo que agrada a nuestros oídos.

Cuando la mayoría de las personas de una sociedad o grupo en particular comparten un conjunto de ideas, creencias, opiniones o prácticas ampliamente aceptadas, estas se consideran las ideas dominantes. Las ideas dominantes a menudo se basan en la tradición, el sentido común, las normas culturales o la educación prevaleciente. A veces se basan en datos poco fiables en lugar de rigurosas investigaciones o pruebas científicas. En cualquier caso, las ideas dominantes son útiles y tienen muchas ventajas para el grupo. Transmiten la sensación de seguridad y confianza al ofrecer explicaciones sencillas para fenómenos complejos. En este sentido, proporcionan un marco sólido para comprender e interpretar el mundo, ofreciendo reglas para navegar y tomar decisiones rápidas. Además, dado que las ideas dominantes son compartidas por la comunidad, estas agilizan la comunicación y la cooperación entre los miembros del grupo, lo que facilita el acuerdo, la coordinación de acciones y la consecución de objetivos colectivos.

Las ideas dominantes también tienen algunos inconvenientes. Dado que constituyen una base sólida para el grupo, también son muy difíciles de cuestionar y modificar. La gente tiende a ceñirse a lo conocido, y por ello, limita su exposición a fuentes de información alternativas. La gente quiere sentirse aceptada y, en consecuencia, evita el ostracismo social que puede acarrear la adopción de ideas nuevas. Además, dado que enfrentarse a nuevas ideas es mentalmente agotador, las personas prefieren aferrarse a lo que ya entienden y comprenden. Probablemente la razón principal por la que las personas se aferran a las ideas dominantes es la comodidad. La situación actual es el producto del arraigo durante muchos años de las ideas dominantes, desafiarlas ahora puede provocar la dislocación del statu quo actual... y nuestra misma existencia. En una situación cómoda y segura, nada genera más oposición que el cambio.

John Kenneth Galbraith, en su influyente libro *La Sociedad Opulenta*, argumentó que el enemigo de las ideas dominantes no son las nuevas ideas, sino el paso inevitable del tiempo. Las ideas dominantes son ideas moldeadas en el pasado, y dado que esa realidad del pasado puede ya no existir, las ideas dominantes corren siempre el riesgo de quedarse obsoletas. El golpe fatal se produce cuando las ideas tradicionales no dan respuesta a los acontecimientos actuales. El tiempo ha hecho que ya no sean aplicables. Es en ese preciso instante cuando algunos hábiles oportunistas dejan por escrito lo que la nueva realidad ya había dejado claro para aquel que quería verlo.

No debemos subestimar el poder hipnotizador de las ideas dominantes. Más a menudo de lo que pensamos, al igual que los ingenuos miembros de La Hermandad de los Siete Rayos, somos víctimas de sus encantos y nos aferramos a nuestras ideas preconcebidas incluso frente a una apabullante presencia de hechos que las contradicen. En los siguientes capítulos, trataré de romper el hechizo de algunas ideas tradicionales que nos impiden resolver los problemas ambientales de nuestro tiempo. No puedo reclamar la autoría de todas las ideas aquí expuestas. Sin duda, muchas brillantes personas adelantadas a su tiempo ya expusieron algunas de estas ideas. Mi intención es solo aglutinar en unas pocas páginas lo que la realidad muestra a plena luz del día para que todos lo veamos.

TECNOPTIMISMO

La conquista del Polo Sur es una de las hazañas más increíbles de la exploración humana. La carrera por ser el primero en llegar al punto más austral de la Tierra cautivó al mundo a principios del siglo xx, cuando las expediciones rivales dirigidas por el explorador noruego Amundsen y el oficial naval británico Scott se propusieron lograr este difícil objetivo. El 14 de diciembre de 1911, después de un agotador viaje a través de ventiscas, gélidas temperaturas y peligrosas fisuras en el hielo, Amundsen y sus camaradas llegaron al Polo Sur, convirtiéndose en los primeros hombres en llegar al punto más austral del mundo. Scott y su equipo, a pesar de las complicaciones con el equipamiento y de los problemas logísticos, siguieron avanzando y alcanzaron su objetivo cinco semanas después, solo para descubrir que habían sido derrotados. Este viaje había sido una apuesta por la autosuficiencia, y en el viaje de regreso, incapaz de pedir ayuda, Scott y sus hombres perecieron, sucumbiendo ante el frío, el hambre y el agotamiento.

Hoy en día, las expediciones al Polo Sur disfrutan de una amplia gama de tecnología moderna, como sistemas de navegación y comunicación por satélite, ropa y equipamiento avanzado, trineos de alto rendimiento, provisiones de alimentos energéticos, pronósticos meteorológicos precisos y equipo de apoyo médico, por mencionar solo algunos. En general, la tecnología utilizada en las modernas expediciones antárticas ha mejorado significativamente la eficiencia, la seguridad y la tasa de éxito de las expediciones al Polo Sur. Actualmente, el número de expediciones varía de año en año, pero hay muchas, y a pesar de las extremas condiciones climatológicas de la Antártida y su ubicación remota, los accidentes mortales son excep-

cionalmente raros. Además de las expediciones científicas, también hay una demanda creciente de turismo. Algunas expediciones requieren que los intrépidos y bien equipados turistas esquíen más de 100 km hasta llegar al Polo Sur, mientras que otras ofrecen vuelos directos que solo requieren una buena cuenta corriente para pagar la factura. Puedes elegir una excursión de un día con pícnic y fotos incluidas, o para aquellos que prefieren pasar la noche, las instalaciones incluyen baños, una carpa-comedor con chef y tiendas de doble pared con calefacción incluida para dormir. Hoy día, pocos rincones de la Tierra están fuera del alcance de los turistas gracias a la tecnología.

Las expediciones antárticas son solo un ejemplo de cómo la tecnología está haciendo posible lo imposible. La tecnología ha llevado astronautas a la Luna y exploradores de aguas abisales a los restos del Titanic. La tecnología permite esquiar en un centro comercial en Dubái o pasar de una sauna caliente a nieve en polvo en Finlandia. La tecnología está transformando la vida de la gente común para mejor, en términos de producción de alimentos, transporte, comodidad en el hogar y, especialmente, atención médica. Además, la tecnología está haciendo milagros para las personas discapacitadas. Los avances tecnológicos, como los lectores de pantalla, el software de reconocimiento de voz, las pantallas braille y los dispositivos alternativos, como los sistemas de sorber y soplar, permiten a las personas con discapacidades visuales, auditivas, motoras o cognitivas acceder e interactuar con entornos digitales y físicos. Ningún desafío parece resistirse a la tecnología si ponemos suficientes recursos e ingenio en ello.

Por ello, no debe sorprendernos la existencia de una confianza absoluta en la tecnología para ayudar a resolver la actual crisis medioambiental. Gobiernos y empresas privadas están invirtiendo considerablemente en tecnologías innovadoras en diversos sectores con el objetivo de reducir las emisiones de carbono, conservar los recursos naturales y mitigar la degradación ambiental. Las tecnologías de energías renovables, como la fotovoltaica, la eólica y la hidroeléctrica, se han convertido en el nuevo santo grial, ofreciendo alternativas sostenibles a los combustibles fósiles. Además, mucha gente considera que los avances en eficiencia y optimización energética son una herramienta efectiva para combatir el cambio climático. Predomina la creencia de que, con la tecnología adecuada, se puede alcanzar el objetivo de cero-emisiones y sacar a la humanidad del actual desastre medioambiental.

No voy a negar los beneficios de la tecnología y su poder para elevar el nivel de vida de millones de personas en el pasado y en el presente. La tecnología tiene el increíble potencial de eliminar la pobreza de todos los rincones del mundo de una vez por todas. Eso es indiscutible. Lo que se cuestiona son las expectativas poco realistas que la mayoría de la gente otorga a la tecnología, como si pudiera conseguir cualquier cosa. La tecnología no es milagrosa, no hace magia. Solo funciona dentro de las leyes de la física, y ninguna tecnología puede violar estas leyes. Por lo tanto, es extremadamente importante comprender las limitaciones impuestas por las leyes de la física porque, a diferencia de las leyes creadas por el hombre, ningún parlamento voluntarista o tecno-optimista iluso podrá cambiarlas.

CUATRO MITOS

Esta falta de comprensión de los límites que las leyes de la física imponen a la tecnología ha generado algunos mitos. Básicamente, en el repertorio argumental de los promotores del continuismo económico y los tecno-optimistas, hay cuatro mitos bien establecidos, y a pesar de los datos apabullantes que apuntan en la dirección opuesta, se aferran a ellos como si fueran miembros de La Hermandad de los Siete Rayos. Los cuatro mitos son: primero, que la eficiencia ayuda a reducir las emisiones; segundo, que la degradación ambiental disminuye a medida que las naciones se vuelven más ricas; en tercer lugar, que los sumideros de residuos, como los océanos y la atmósfera, tienen capacidad infinita; y en cuarto lugar, que el Sol genera suficiente energía para satisfacer todas las necesidades de la humanidad. Ninguno de ellos es cierto, y esto es lo que pretendo argumentar en los siguientes capítulos.

El primer mito —que la eficiencia ayuda a reducir las emisiones— es para mí el más desconcertante. No hace falta ser un científico de la NASA para interpretar los datos estadísticos. Son matemáticas de primaria. Desde la introducción de la máquina de vapor de James Watt, la tendencia creciente de las emisiones de gases de efecto invernadero está ahí para el que quiera verla. Solo en los últimos 50 años, desde la primera crisis del petróleo, en promedio, la eficiencia energética de los coches se ha duplicado. Aún más, con la introducción de los vehículos híbridos, la eficiencia energética está alcanzando nuevos máximos y, sin duda, volverá a mejorar. Lo mismo podría decirse del transporte marítimo o de las mejoras en eficiencia energética del transporte aéreo. Por ello, lo lógico sería que las emisiones de dióxido de carbono relacionadas con el transporte hubieran disminuido. No ha sido así. Sorprendentemente, los datos muestran un panorama totalmente diferente. Las emisiones globales de dióxido de carbono se han duplicado en los últimos 50 años. Cuando se enfrenta a la gente con la cruda verdad de los números, como los miembros de La Hermandad de los Siete Rayos, se inventan todo tipo de teorías para justificar por qué lo que sus propios ojos ven no es lo que parece. Discutiremos este controvertido tema en el capítulo 5.

El segundo mito —que la degradación ambiental disminuye a medida que las naciones se vuelven más ricas— es el resultado de una percepción sesgada de aquellos que viven en las naciones ricas. Las naciones ricas no contaminan menos; simplemente son más eficaces recolectando y ocultando los residuos. Las naciones ricas producen y consumen más, lo que genera una mayor extracción, transformación, empaquetamiento y transporte de recursos. Por ello, al final, estas generan más basura, más aguas residuales y más emisiones de gases de efecto invernadero que el resto. En apariencia, las naciones ricas transmiten la sensación de ser más limpias, ya que son más hábiles ocultando residuos, especialmente cuando deslocalizan aquellas industrias altamente contaminantes a países en desarrollo, pero en realidad, solo son mejores mitigando la degradación ambiental dentro de sus propias fronteras, no más allá. Profundizaremos en esto en el capítulo 6.

El tercer mito, que los sumideros de residuos, como los océanos o la atmósfera, tienen capacidad ilimitada, es una vieja idea preconcebida extremadamente difícil de anular. Probablemente, de los cuatro mitos, el más difícil de romper. El proverbio «ojos que no ven corazón que no siente» tiene mucho de verdad. El dióxido de carbono y los microplásticos son invisibles a simple vista, por ello, la mayoría de las personas todavía creen que los océanos y la atmósfera son inmunes a la contaminación debido a su inmensidad y su aparente capacidad de dispersión. Trataremos este tema en el capítulo 7.

El cuarto mito, que el Sol puede generar suficiente energía para satisfacer todas nuestras necesidades, es debido a una falta de comprensión de lo que es la energía, los tipos de energía disponibles y, especialmente, el concepto de intensidad energética. La energía renovable puede ser abundante y libre de carbono, pero está demasiado dispersa sobre la superficie de la Tierra. Además, almacenar o transportar energía renovable es complejo. Por el contrario, la energía de los combustibles fósiles es fácil de almacenar, transportar y presenta una alta concentración. Si los combustibles fósiles propulsan enormes buques de carga, es por algo. Hablaremos de este mito en el capítulo 9.

LOS RESIDUOS SON INEVITABLES

Si hay una sola idea que me gustaría poder transmitir con este libro, es que cualquier cambio genera residuos, y por lo tanto, los residuos son inevitables. Si al final del libro, la gente comprende esta consecuencia fundamental de las leyes de la física, entonces habré logrado mi objetivo. Esto es así, independientemente de lo avanzada que sea nuestra tecnología. Cualquier proceso natural o artificial significa cambio, y como consecuencia, el dióxido de carbono —o cualquier otro tipo de residuo como excrementos de animales, aguas residuales, desechos municipales o residuos nucleares—, son inevitables.

Más aún, la intensidad de producción y la intensidad de los residuos van de la mano. En consecuencia, cuanto más productiva sea la huma-

Cualquier cambio genera residuos, y por lo
tanto, los residuos son inevitables.

nidad, más residuos genera. A pesar de lo que mucha gente quiera creer, este efecto no hay manera de evitarlo. El embrollo ambiental en el que estamos inmersos se debe simplemente a las leyes de la física.

Hay otro punto importante que quiero destacar. Como veremos en el siguiente capítulo, la naturaleza es muy austera en el uso de energía en comparación con la humanidad. Esto se debe a que la naturaleza se ajusta a la energía solar —energía de baja intensidad— que recibe la Tierra. La energía solar, a pesar de ser abundante, se encuentra dispersa por toda la superficie del planeta. Sin embargo, la humanidad disfruta de un estilo de vida intensivo en energía porque dependemos principalmente de combustibles fósiles que también son intensivos en energía. Esto es posible porque los combustibles fósiles son una hiperconcentración inusual de energía solar —tras haberse acumulado durante millones de años en el pasado—. Es como si la humanidad hubiera ganado un bote extraordinario de energía —como un jugador de lotería—, y lo que el planeta acumuló durante millones de años nos lo vamos a gastar en menos de 300. En otras palabras, cuando se trata de energía, naturaleza y humanidad no compiten en igualdad de condiciones. Estamos ante una nueva versión de la lucha entre David y Goliat.

La inevitabilidad de los residuos y nuestro estilo de vida intensivo en energía tienen consecuencias en la forma en que la energía fluye en la economía. Los consumidores finales demandan una energía de alta intensidad, sin embargo, la energía renovable —la fuente de energía deseada— es de baja intensidad. ¿Puede la energía renovable sostener nuestro estilo de vida intensivo en energía?

Esto es lo que intentaré responder en los capítulos siguientes. En realidad, no debería ser demasiado difícil. Después de todo, la vida en la Tierra lo ha logrado durante los últimos 3500 millones de años. Sin embargo, le advierto que será necesario implementar muchos y dolorosos cambios y, como ya sabemos, a la gente le gustan poco los cambios. Un último apunte: los agoreros que anuncian el fin de los tiempos siempre han existido. Hasta ahora, no ha sucedido. El ingenio humano siempre ha encontrado la manera de superar las dificultades, incluso estando al borde del precipicio. No sé cómo resolver el problema de las emisiones de dióxido de carbono, ojalá lo supiera. Solo sé que siguiendo el rumbo actual en el que estamos no lo conseguiremos. Al igual que los supervivientes del Poseidón, necesitamos un reverendo Scott que encuentre el camino y nos guíe en la dirección correcta.

2. BALLENAS, ELEFANTES Y ALBATROS

«La naturaleza usa tan poco como sea posible de cualquier cosa».
JOHANNES KEPLER, astrónomo y matemático

Imagínese que le doy un millón de euros. Puede que sonría. Es su día de suerte. Un momento, ¡espere! Tiene truco. No le transfiero el dinero a su cuenta bancaria; le doy un millón de monedas de un euro y estas monedas están repartidas por todo el mundo en diferentes islas. Encontrará una moneda en Aruba, otra en Pascua, otra en Lanzarote, Islandia, Man, Taiwán, Vancouver, Tasmania, Madagascar, Corfú... y así sucesivamente. El dinero es suyo y nadie va a tocarlo. ¿Vale la pena su millón de euros? La verdad es que no. Es dinero de muy baja densidad. Es de baja densidad porque el millón de monedas de un euro no está agrupado en un tarro o en una cuenta bancaria. Las monedas están esparcidas por una gran superficie y, en consecuencia, es un dinero totalmente inútil.

Lo mismo puede ocurrir con la energía. La densidad energética es uno de los conceptos menos comprendidos entre la comunidad no científica. En este capítulo abordaremos la cuestión de la disponibilidad de la energía y la habilidad de la naturaleza en adaptar su demanda. El problema de la densidad energética en la superficie terrestre —debido a su baja densidad medida por metro cuadrado— será el eje central de la discusión. Las plantas hacen todo lo posible por capturar la energía del sol, pero, como veremos, no siempre es fácil. Los animales extraen energía de las plantas, que ya de por sí es poca, lo que hace que para estos sea aún más complicado.

Las ballenas azules, los elefantes y los albatros ajustan sus necesidades energéticas a los niveles de energía de baja densidad disponibles en la superficie del planeta. Los ingenios equivalentes fabricados por el hombre, como los barcos, los trenes y los aviones, se pueden permitir un nivel de consumo energético muy superior. Esto es así porque estos últimos extraen su energía de los combustibles fósiles, un tipo de energía de alta densidad. En este capítulo, compararemos las necesidades energéticas de estos animales y de nuestras máquinas.

Antes de continuar, es necesario realizar una pequeña aclaración. La mayoría de la gente está familiarizada con las unidades utilizadas para medir el peso, las distancias o la temperatura. Las palabras kilogramo, toneladas, metros, kilómetros, grados Celsius nos resultan familiares a todos, y todos sabemos lo que significan. Es menos común estar familiarizado con las unidades que científicos e ingenieros utilizan para medir energía. Hay muchas, pero en este libro utilizaré el kilovatio-hora (kW·h). Esta unidad se utiliza principalmente para medir electricidad, pero puede medir cualquier tipo de energía. He elegido esta unidad porque, como consumidores finales de energía, algunas personas están familiarizadas con la energía que consume un sistema típico de aire acondicionado en una hora: aproximadamente 1 kW·h. Con la introducción de los coches eléctricos, la familiaridad con esta unidad aumentará. Hoy en día, la capacidad de la batería de un vehículo eléctrico típico es de unos 70 kW·h. Además, como referencia, podríamos afirmar que un hogar típico estadounidense puede consumir unos 11 000 kW·h de electricidad al año, y en Europa, alrededor de la mitad.

Por último, en este libro también utilizaremos la unidad Teravatio-hora (TW·h) cuando se trate de la energía consumida a nivel planetario. Un TW·h es una unidad muchísimo más grande que un kW·h y este equivale a mil millones de kW·h. Estados Unidos consume unos 28 000 TW·h al año[2.1]. La inteligencia artificial a nivel mundial consume unos 80 TW·h al año[2.2], más que países pequeños como Eslovenia, Islandia o Sri Lanka.

ÓRDENES DE MAGNITUD

En segundo lugar, permítame introducir el concepto de órdenes de magnitud. Si le digo que voy a comprar un vehículo de 40 000 euros, se imaginará un determinado tipo de vehículo. Pero si le digo que el coche solo vale 4000 euros, la imagen mental que se haga será totalmente distinta. Lo mismo podría decirse de un coche de 400 000 euros. Estos tres coches deben ser profundamente diferentes. El primer vehículo podría ser un SUV o una berlina completamente nuevos, con el equipamiento típico de los vehículos modernos. Obviamente, el segundo coche es un viejo cacharro, adquirido de segunda mano a través de eBay, un amigo o un vende-coches poco fiable. El tercer vehículo solo puede ser un deportivo de lujo de gama alta, como un Ferrari o similar, un coche que normalmente solo pueden permitirse los muy ricos. Estos tres vehículos son diferentes entre sí porque están en un rango de precios totalmente distinto. Es lo que los científicos e ingenieros llaman órdenes de magnitud diferentes: 4000 euros, 40 000 euros, 400 000 euros.

Un orden de magnitud es una forma de describir el tamaño o la escala de algo, normalmente en términos de potencias de diez: 10, 100, 1000, 10 000... Se utiliza para comparar cantidades de forma simplificada, especialmente cuando estas difieren en grandes factores. Los órdenes de magnitud son cruciales en campos como la ciencia y la ingeniería, ya que permiten realizar comparaciones aproximadas y ayudan a dar sentido a números muy grandes o muy pequeños. Los ingenieros o científicos, sobre todo al principio de un proyecto o investigación con poca información, hablan en términos de órdenes de magnitud. No se pretende ser exactos, sino hacer un cálculo rápido para tener una idea de las escalas. De ese modo, a falta de cualquier otra información, el cálculo da cierta seguridad sobre si tiene sentido seguir adelante por el camino escogido.

Todos hacemos este tipo de cálculos en nuestra cabeza. Por ejemplo, alguien que gana 50 000 euros al año no piensa en comprarse una mansión de 4 millones. Esta persona sabe que está por encima de sus posibilidades, pero podría plantearse comprar una casa de 400 000 euros, un orden de magnitud menor. Obviamente, esta persona podría comprarse un viejo cuchitril que valga solamente 40 000 euros, otro orden de magnitud menor.

En este libro daré muchas cifras, pero ninguna de ellas pretende ser exacta. Daré valores aproximados, ya que únicamente me interesan los órdenes de magnitud. En otras palabras, solo quiero hacer comparaciones para ver si podemos darles sentido. Por ejemplo, en el capítulo 9, calcularé cuánta energía renovable puede capturarse en el mundo y la compararé con nuestras necesidades energéticas. Si son del mismo orden de magnitud, eso significaría que a priori es posible apostar por las renovables. Los detalles exactos de cómo hacerlo serían materia de otro libro bastante más grueso y complejo.

DENSIDAD DE LA ENERGÍA SOLAR

Según la lista anual Forbes de los multimillonarios del mundo, los diez hombres más ricos del mundo tienen un patrimonio de alrededor de 1,5 billones de dólares[2,3]. Esto equivale a la mitad del producto interior bruto de un país como Francia. Es una cantidad fabulosa de dinero. Ahora bien, si dividiéramos este dinero entre todas las personas del mundo, cada una recibiría menos de 200 dólares. Visto así, no parece tanto. Esto es lo que ocurre con la energía solar.

Cada año, el Sol transfiere a la Tierra la enorme cantidad de 1520 millones de TW·h[2,4] de energía, casi 8500 veces el consumo humano en 2023. Casi la mitad de esta se pierde durante el proceso de transmisión a la tierra, ya sea reflejada directamente al espacio o bien absorbida por la atmósfera. En consecuencia, la energía solar global media recibida en la superficie de la Tierra a lo largo de un año completo, teniendo en cuenta factores como la noche, la reflexión del albedo y la absorción de la atmósfera, es de unos 1640 kW·h por metro cuadrado. En las regiones situadas entre el trópico de Cáncer y el trópico de Capricornio, bajo determinadas condiciones, la intensidad de la energía solar puede superar fácilmente esa cifra. En el otro extremo, el nivel de radiación en los polos Norte o Sur es muy bajo o incluso nulo en los oscuros meses de invierno. No obstante, el valor indicado anteriormente —1640 kW·h— podría utilizarse como estimación media de la energía solar a nivel mundial por metro cuadrado. ¿Es mucho o muy poco? Esto es lo que intentaremos responder en este capítulo.

EFICIENCIA DE LA FOTOSÍNTESIS

Si volvemos a la analogía del millón de monedas de 1 euro esparcidas en islas separadas, ¿cuántas monedas cree que podríamos reunir en un año? No muchas. Incluso si pudiéramos utilizar medios de transporte modernos, como aviones o barcos a motor, no creo que pudiéramos conseguir más de 500 euros. Alrededor de 1 o 2 monedas al día. El resto de las monedas estarían fuera de nuestro alcance. Hay muchas islas pequeñas y de difícil acceso por todo el mundo. Imagínese; un millón de euros a nuestra disposición, y solo podemos llevarnos 500 euros. Menuda decepción. Esta es más o menos la eficiencia de la captación de energía en la naturaleza.

Uno de los mitos que cuestiono es que el Sol tiene la capacidad de satisfacer nuestras necesidades energéticas actuales. La cantidad de energía que proporciona el Sol es enorme, pero como hemos visto, está muy dispersa por la superficie de la Tierra. Además, como mostraremos en los siguientes capítulos, la luz solar es un tipo de energía de calidad media, lo que significa que no se puede convertir fácilmente en trabajo útil con alta eficiencia. En este capítulo, empezaremos a vislumbrar por qué es tan difícil convertir la energía proveniente del sol en energía útil. La naturaleza, tras 3500 millones de años de evolución, hace lo que puede, pero lógicamente tiene muchas dificultades.

La vida, la biomasa, se alimenta casi al 100 % de radiación solar. Dicha biomasa consume alrededor del 0,08 %[2.5] —1 220 000 TW·h— de la energía procedente del Sol al año. Puede parecer mucho, pero medido por superficie, el consumo energético de la biomasa es muy bajo. Esto se debe a que, al igual que con el ejemplo del millón de monedas de un euro, la energía solar se distribuye por toda la superficie del planeta, incluyendo la tierra y los océanos[2.6]. Captar energía muy diseminada es complicado. Más aún, la capacidad de captación de energía de la biomasa es muy baja. Es tan baja, que esta necesitaría captar la luz solar incidente sobre 3 plazas de aparcamiento estándar solo para alimentar una luz de lectura LED de bajo consumo. La mayoría de la energía solar se desaprovecha.

En el proceso de obtención de energía de la fotosíntesis, las plantas y otros organismos convierten la energía solar en energía química. El proceso estándar descompone principalmente dióxido de carbono y agua del entorno y genera carbohidratos como la glucosa. Hay muchos factores que influyen en la tasa global de fotosíntesis y en su eficacia. Como acabamos de ver, no toda la radiación solar se convierte en energía química. De hecho, solo un pequeño porcentaje lo hace. ¿Por qué?

En primer lugar, la clorofila no puede absorber toda la energía entrante. La clorofila es el pigmento encargado de captar la energía luminosa. Absorbe principalmente las longitudes de onda azul y roja, rechazando el verde, que es la razón por la que las hojas son de este color. Así, más de la mitad de la luz entrante está compuesta por lon-

No toda la radiación solar se convierte en energía química.
De hecho, solo un pequeño porcentaje lo hace.

gitudes de onda que no pueden ser absorbidas, y parte del resto se refleja o se pierde. Por ello, las plantas solo pueden absorber, en el mejor de los casos, alrededor del 34 % de la luz solar incidente[2.7].

En segundo lugar, existen algunos factores internos que limitan la eficiencia, como la generación de tejidos no esenciales, la fotorrespiración o la procreación. Por ejemplo, los árboles invierten una gran cantidad de energía en construir una estructura soporte, como son el tronco y las ramas, para poder competir por la luz. Esta energía no puede invertirse en el proceso de fotosíntesis. En consecuencia, el porcentaje real de energía solar absorbida es en realidad mucho menor que la máxima eficiencia posible.

En tercer lugar, también existen algunos factores externos que limitan la eficiencia, como la intensidad de la luz, la temperatura, el estrés hídrico o la falta de nutrientes. En algunas regiones del planeta —como los desiertos, las montañas de gran altura o los polos Norte y Sur— la falta de agua, las temperaturas extremadamente bajas o la falta de radiación solar bloquean casi totalmente el proceso normal de fotosíntesis. En otras regiones, el periodo vegetativo puede durar solamente unos meses. A veces se debe a las variaciones de temperatura a lo largo del año, otras a la disponibilidad de agua durante las estaciones secas o lluviosas.

Por todo ello, el porcentaje de radiación solar convertido en energía química en la fotosíntesis varía en función de la ubicación, la estación, las condiciones ambientales y, por supuesto, el tipo de vegetación. En las mejores condiciones, un cultivo agrícola estándar suele almacenar hasta un 1 % de la energía solar total recibida en un año. Hay casos de rendimientos superiores, como los cultivos de caña de azúcar, pero son la excepción. En general, si sumamos los tres factores, a escala global, la eficiencia combinada de la fotosíntesis —la capacidad de convertir la radiación solar entrante en energía química— es extremadamente baja. Es como recuperar monedas de 1 euro distribuidas en diferentes islas.

Esta baja tasa de eficiencia no debería sorprendernos. La energía solar, aunque abundante, no es de buena calidad. Además, como veremos en el capítulo siguiente, en cada etapa de cualquier transacción energética, debemos esperar alguna pérdida de energía debido a las leyes de la física. La vida, al igual que nuestra tecnología, no puede violar estas leyes. En consecuencia, las plantas se esfuerzan por maximizar la extracción de energía, pero siempre, dentro de los límites de la física.

INTENSIDAD DE LA ENERGÍA
CONSUMIDA POR LOS ANIMALES

Fui a Nepal por primera vez en 1991. Acababa de obtener mi título de ingeniero y decidí alejarme por un tiempo de los números y las complejas fórmulas matemáticas. Hacer senderismo por las inmensas montañas del Himalaya parecía una buena estrategia. Como nuestro objetivo era llegar al circo del Annapurna, al llegar a Katmandú nos esperaba un viaje por carretera hasta Pokhara. Alquilamos una pequeña furgoneta apenas lo bastante grande para los ocho miembros del grupo, atamos nuestras mochilas a la baca y nos pusimos en marcha. Nos creíamos Indiana Jones en busca de aventuras.

Y la aventura empezó al poco tiempo de salir, pero no era exactamente la que buscábamos. El vehículo sufrió el primer pinchazo... de muchos. El conductor paró y nos bajamos todos. Es difícil describir nuestra frustración. Por aquel entonces no había teléfonos móviles, ni postes telefónicos de emergencia para llamar a una grúa y, obviamente, ningún taller de reparación de neumáticos a la vista. Todo ello ocurrió en medio de la nada, en una carretera estrecha, llena de baches, al borde de un precipicio y con cientos de camiones sobrecargados circulando a duras penas alrededor nuestro en ambas direcciones. Sinceramente, pensé que era el final de nuestro viaje.

«No teman», dijo el conductor. Cogió el gato, elevó la furgoneta, colocó unas piedras como soporte improvisado, quitó la rueda, cogió un destornillador y una barra, separó el neumático de la llanta, arregló el pinchazo —no me pregunte cómo—, extrajo una oxidada bomba de pie, bombeó aire en la rueda, sacó un manómetro casero, comprobó que la presión era correcta y volvió a instalar la rueda. Tardó menos de 20 minutos. Pinchamos seis ruedas más durante el viaje a Pokhara. En todas las ocasiones, resolvió el problema con una diligencia imperturbable.

Como veníamos del mundo rico, para nosotros era inconcebible que nada de esto fuera posible sin modernas herramientas y equipamiento eléctrico adecuado. Estábamos asombrados. Pero esto es lo que hace el ingenio con recursos limitados. La gente se las arregla con lo que tiene. Y eso es exactamente lo que hacen los seres vivos. Se las arreglan con lo que encuentran en la naturaleza, y lo hacen muy bien, como veremos.

La naturaleza ha adaptado su demanda energética al nivel de baja densidad energética disponible en la superficie del planeta. Las necesidades de intensidad energética de la naturaleza están en sintonía con la media de 1640 kW·h/m²/año de energía solar disponible en el suelo. Como veremos en breve, este nivel de intensidad energética está muy por debajo del que exige nuestra tecnología.

En la base de la pirámide ecológica se encuentran los productores primarios de energía, principalmente las plantas, que extraen energía de la radiación solar. El resto de la biomasa, en su mayoría animales, vive de ellas. En los ecosistemas terrestres, la pirámide suele estrecharse a medida que se pasa de los productores primarios —plantas— a los herbívoros —consumidores— y a los carnívoros —depredadores superiores—. En cada etapa se pierde algo de energía. Cuando se transfiere energía de un nivel a otro, entre el 80 y el 90 % de la energía se pierde en forma de calor[2.8]. Esto es así porque los organismos vivos necesitan utilizar una buena cantidad de energía en procesos metabólicos como la digestión de los alimentos, la termorregulación, la respiración, la circulación sanguínea, la excreción de desechos, el crecimiento y la reparación de los tejidos. Además, los animales deben desplazarse para encontrar comida, evitar a los depredadores o participar en el proceso de apareamiento para la reproducción.

Si las plantas, como hemos visto, deben adecuarse a los bajos niveles de energía disponibles en la superficie terrestre, los animales deben adaptarse a una disponibilidad de energía aún más ajustada, ya que la mayor parte de la radiación solar entrante se pierde durante el proceso de fotosíntesis. Por ello, el tamaño y el metabolismo de los animales son un claro reflejo de la baja densidad de energía disponible en el planeta, y el consumo energético de baja intensidad por parte de los animales es su consecuencia.

El animal más grande que jamás haya vivido en la Tierra es la ballena azul. El individuo más grande medido con precisión era una hembra de 29,5 metros que pesaba 180 toneladas[2.9]. Se trata de un animal enorme; solo su corazón puede pesar unos 700 kilogramos —el peso de 8 hombres adultos— y su tamaño es comparable a dos camiones articulados de 18 ruedas alineados. A pesar de su enorme tamaño, las necesidades energéticas de las ballenas azules son relativamente bajas en comparación con su masa. Esto se debe a que han evolucionado para ser unas nadadoras increíblemente eficientes —navegan a baja velocidad, a unos 8 km/h— y se han adaptado para sobrevivir con dietas relativamente poco energéticas, compuestas principalmente por pequeños organismos marinos como el krill. Durante sus

A pesar de su enorme tamaño, las necesidades energéticas de las ballenas son relativamente bajas en comparación con su masa.

periodos de búsqueda de alimento, viajan a aguas más frías donde los bancos de krill son más abundantes. En un buen día, una sola ballena adulta puede consumir unos 3000 kilogramos de krill al día[2.10], lo que proporciona unos 3300 kW·h de energía[2.11]. Durante los meses de verano, las ballenas almacenan esta energía en forma de grasa y la utilizan durante su migración a aguas más cálidas para reproducirse. Bajo condiciones ideales, las ballenas capturan esta enorme cantidad de energía en los días en que la densidad de krill permite esta extraordinaria hazaña. Sin embargo, en otras ocasiones el Sol se pone con capturas mucho más bajas.

¿Cómo se compara con los barcos más grandes del mundo, la versión artificial de la ballena? Un buque portacontenedores ultra grande (o ULCV por sus siglas en inglés) tiene un peso de desplazamiento de más de 650 000 toneladas[2.12] y puede tener alrededor de 400 metros de largo, equivalente a unos cuatro campos de fútbol alineados. La intensidad energética de estos gigantes del mar es enorme. Su velocidad de crucero es de unos 40 km/h y necesita entre 2 y 4 millones de kW·h[2.13] al día. La capacidad de almacenar energía en el depósito de combustible puede alcanzar fácilmente el equivalente a 20 millones de kW·h. La intensidad energética de estas naves es enorme.

La comparación entre estos dos gigantes marinos es impresionante. La capacidad de almacenar energía en un día por un ULCV —en el depósito de combustible— es aproximadamente más de 6000 veces lo que una ballena azul puede capturar en uno de sus mejores días. Además, la velocidad de crucero de un ULCV es de unos 40 km/h porque la tecnología, con la ayuda de los combustibles fósiles, nos permite concentrar esta enorme cantidad de energía necesaria para alimentar a este gigante fabricado por el hombre. Por el contrario, la ballena azul navega a solo 8 km/h y ha adaptado eficientemente su metabolismo y la navegación a los niveles de energía de baja intensidad del entorno en el que vive.

Si comparamos los vehículos terrestres con las criaturas terrestres, no se obtienen mejores resultados. El elefante africano es la mayor criatura terrestre viva. El elefante africano más grande jamás documentado pesaba 11 toneladas[2.14] y tenía una altura de casi 4 metros. Aun así, estos animales están lejos del mayor vehículo terrestre fabricado por el hombre: el tren de carga. Algunos de los mayores trenes de carga pueden pesar más de 20 000 toneladas[2.15]. El tren más pesado del que se tiene constancia estaba formado por 682 vagones de mineral de hierro con ocho locomotoras diésel de General Electric en la región australiana de Pilbara. Pesaba casi 100 000 toneladas[2.15]. Esto es, 10 000 veces el peso actual del animal terrestre vivo más grande de la Tierra. Cabe remarcar que en cada vagón cabían diez elefantes.

Los elefantes macho tienen unas necesidades alimentarias considerables debido a su gran tamaño y a sus necesidades energéticas. Su alimentación se compone principalmente de hierbas, hojas, cortezas, raíces, frutos y otra vegetación de digestión compleja. Por término medio, un elefante africano macho puede consumir unos 150 kilogramos[2.16] de alimentos poco nutritivos al día, o su equivalente energético, 500 kW·h diarios[2.17]. Por otro lado, un tren de carga de 20 000 toneladas que recorra 1000 km por terreno accidentado puede consumir 1,5 millones de kW·h.

La comparación entre las intensidades energéticas del tren y el elefante africano muestra disparidades similares a las del ULCV y la ballena azul. Un tren de carga puede consumir en un día 3000 veces lo que un elefante. Un tren de carga puede permitírselo porque la tecnología permite concentrar la monstruosa cantidad de 1,5 millones de kW·h de energía en depósitos de gasóleo. Esta hiperconcentración de energía únicamente es posible gracias a los combustibles fósiles. Un elefante africano debe arreglárselas con las fuentes de energía disponibles en la sabana. La baja densidad de energía aprovechable en las praderas de África hace imposible que el elefante crezca mucho más, más aún si el elefante tiene que competir contra miles de herbívoros que luchan por las mismas escasas reservas energéticas.

Las máquinas voladoras frente a los reyes de los cielos nos cuentan una historia aún más asombrosa. El albatros errante es una de las aves voladoras vivas más grandes del mundo. Es un ave marina de gran tamaño que vive en los océanos australes. Tiene la envergadura más larga de todas las aves, ya que alcanza los 3,5 metros[2.18] y puede pesar hasta 12 kilogramos[2.19]. Su larga envergadura le permite planear sin batir las alas durante horas y puede recorrer grandes distancias, por lo que también se le llama albatros viajero. Se alimenta de calamares, peces pequeños, crustáceos[2.19] y a veces sigue a los barcos hurgando en la basura. Durante la cría, los albatros deben consumir más energía, ya que tienen que volar más a menudo de un lado a otro para encontrar alimento para sus crías. Los investigadores calculan que un albatros errante macho puede consumir entre 1,0 o 1,4 kW·h al día[2.20].

En cambio, un avión comercial de gran tamaño puede llegar a pesar 280 toneladas al despegar y almacenar hasta 156 000 litros de queroseno[2.21]. Para un vuelo intercontinental —de Europa a EE. UU.—, es habitual volar ida y vuelta en el mismo día. Esto significa que el consumo típico de energía de un avión comercial de largo recorrido es de unos 2 millones de kW·h al día.

De todas las comparaciones, la diferencia de intensidad energética entre un avión comercial y un albatros errante es la más llamativa. Diariamente, un avión comercial consume más de un millón de veces lo que un albatros errante. El vuelo comercial entre Singapur y Nueva York —uno de los vuelos comerciales más largos, con más de 15 000 km en 18 horas— solo es posible gracias a la capacidad de los aviones modernos para almacenar una enorme cantidad de energía hiperconcentrada procedente de combustibles fósiles. Ningún pájaro puede volar tan lejos sin detenerse.

Hay más ejemplos de disparidades de intensidad energética entre la naturaleza y la tecnología. El ser humano posee, con diferencia, las capacidades cognitivas más complejas y avanzadas del reino animal, como el razonamiento abstracto, la resolución de problemas, el lenguaje y la autoconciencia. Un humano adulto puede consumir entre 1,5 y 3,5 kW·h al día para mantener el equilibrio energético, y esta energía permite alimentar el cerebro. Al cerebro humano le ha salido un nuevo competidor: la inteligencia artificial (IA). Estimar el consumo energético de la IA es todo un reto, sobre todo porque las empresas más indicadas para informar, como Beta, Microsoft u OpenAI, no comparten ningún dato. Según algunas estimaciones, GPT4 puede consumir alrededor de 300 000[2.22] kW·h al día. El contraste entre estos dos tipos de inteligencia no debería sorprendernos. La IA consume 100 000 veces más energía que la inteligencia humana. Una vez más, la diferencia de intensidad energética entre nuestra tecnología y la naturaleza es asombrosa. Más aún, según algunos expertos, es de esperar que el consumo de energía de la IA se duplique cada año.

Por último, si miramos a escala planetaria, todos los reinos de la naturaleza, incluidas las plantas, las bacterias, los hongos, las arqueas, los protistas, los animales y los virus, componen una biomasa global en la Tierra de 550 000 millones de toneladas de carbono[2.23]. Si tenemos en cuenta el consumo energético de la biomasa, resulta una media de 2200 kW·h por tonelada de carbono.

Los seres humanos, en cambio, contribuyen con 60 millones de toneladas de carbono[2.23] a la biomasa. Como referencia, la biomasa humana representa 10 veces la biomasa de todos los mamíferos salvajes juntos. Si consideramos el consumo de energía de la humanidad, la actividad humana requiere una media de 3 millones de kW·h por tonelada de carbono. Dicho de otra manera, la humanidad consume 1300 veces más de energía por tonelada de carbono que todos los seres vivos. Se mire como se mire, la intensidad energética actual de la humanidad es desmesurada.

Esto nos da una idea no tan sorprendente de la enorme diferencia de intensidad energética entre la biomasa y los seres humanos. La biomasa trabaja bajo un modelo de baja intensidad energética, ya que debe adaptar sus metabolismos a la energía de baja densidad disponible en la superficie terrestre. En la naturaleza, los seres vivos funcionán con energía renovable. Los seres humanos, sin embargo, al añadir los combustibles fósiles y la energía nuclear, pueden permitirse un modelo de alta intensidad energética. En todos los casos anteriores, el consumo energético de la humanidad es de tres o más órdenes de magnitud superior al de la naturaleza. A juzgar por la diferencia de órdenes de magnitud, es evidente que la naturaleza y la humanidad no se desplazan en el mismo tipo de vehículo. La naturaleza pedalea en una vieja bicicleta, el hombre conduce un Ferrari.

La naturaleza pedalea en una vieja bicicleta, el hombre conduce un Ferrari.

NECESIDADES TERRITORIALES

Hace unos años, estuve con mi familia en una zona remota de Tanzania donde pasamos unos días con el pueblo Hadza. El pueblo Hadza es un grupo protegido de cazadores-recolectores que vive alrededor de la cuenca del lago Eyasi. Este pueblo todavía hace fuego con métodos tradicionales, fabrica sus propias herramientas de caza, sabe cómo recolectar agua de plantas y raíces y usa arcos y flechas envenenadas para cazar animales. Mientras visitábamos la aldea, el jefe nos invitó a una expedición de caza con ellos para el día siguiente. Aquella noche, nos fuimos a la cama rebosando ilusión.

A la mañana siguiente, nos levantamos temprano y fuimos a la pequeña aldea donde nos reunimos con los jóvenes miembros de la tribu. El objetivo era cazar gallinas de Guinea, un ave apreciada por su carne y plumas. Antes de partir, el líder nos dio instrucciones estrictas de movernos en silencio a través de las plantas herbáceas de la sabana. Lo decía muy en serio. Esa era la clave del éxito. Los jóvenes cazadores tomaron sus arcos y flechas, y salimos todos a la caza. A medida que avanzábamos, los miembros de la tribu se comunicaban mediante señales con las manos para evitar alertar a las presas. Sabían que las gallinas de Guinea eran cautelosas y huirían al menor ruido. Después de una larga caminata, el líder, que poseía una extraordinaria agudeza visual, avistó una bandada. Con un gesto de la mano, nos detuvo a todos. Las aves estaban cerca de un pozo de agua.

Los cazadores Hadza, haciendo uso de un sigilo experimentado, se posicionaron y prepararon sus arcos y flechas. La tensión se podía cortar con una navaja. A la señal del líder, un cazador se levantó, haciendo que la bandada se dispersara en nuestra dirección. Cuando las aves emprendieron el vuelo, los cazadores apuntaron y lanzaron sus flechas. Estas salieron volando rápidas y directas, pero los pájaros se escaparon volando. Todos vimos cómo la última gallina de Guinea desaparecía en la distancia. En cuestión de segundos, la sabana se volvió a quedar en silencio. «No hubo suerte», dijo el líder. Aquella mañana, regresamos con las manos vacías a la aldea.

Es difícil para el hombre moderno comprender las dificultades de la caza salvaje. La escasez ha sido el sino de muchas generaciones antes de la nuestra. Durante miles de años, los cazadores-recolectores dependían del músculo humano y de algunas herramientas, poco más. Si bien algunas herramientas como lanzas, arcos, flechas, cuchillos, hachas y martillos ayudaban a obtener mejores resultados, no eran determinantes. La dieta de los cazadores-recolectores estuvo siempre muy limitada e influenciada por el entorno natural, la estación del año y la suerte. Los cazadores-recolectores comían alimentos de origen vegetal como frutas, bayas, frutos secos, semillas o legumbres. Durante la estación seca, dependían principalmente de una dieta basada en animales. No tenían dificultades cazando animales pequeños, heridos o enfermos, pero tenían que depender de los grandes depredadores salvajes para obtener la carne de presas de más tamaño. Nuestros ancestros tenían que recorrer enormes distancias de terreno simplemente para sobrevivir.

Animales y cazadores-recolectores necesitan grandes territorios para satisfacer sus necesidades energéticas diarias. Esto se debe a que la energía solar disponible en el suelo está muy diseminada, al igual que las monedas de 1 euro repartidas en islas por todo el mundo. Es más, la Naturaleza no puede convertir toda esta energía en energía química. La eficiencia de conversión de energía de la fotosíntesis es extremadamente baja, y la eficiencia de conversión de la energía de las plantas por parte de los herbívoros también es baja.

Empecemos por las ballenas. Las ballenas, como superdepredadores, capturan energía solar indirectamente a través de un proceso de dos etapas. Primero es el fitoplancton, y después, el krill se alimenta de fitoplancton. En cada etapa, se pierde algo de energía debido a la eficiencia de conversión energética. En consecuencia, en los mejores días de caza, cada ballena azul necesitaría, en promedio, alrededor de unos 10 km^2 de superficie —equivalente a la superficie total de un aeropuerto de gran tamaño— para poder capturar suficiente energía solar y garantizar su supervivencia. En los días malos, cuando la densidad de krill disminuye, una ballena azul necesitaría una superficie mucho mayor.

A continuación, tenemos al elefante africano, un herbívoro que captura energía directamente de las plantas. Los elefantes necesitarían recolectar diariamente la energía producida —gracias a la radiación solar— por unos 150 000 m^2 de pastizales, o 50 campos de fútbol.

Luego tenemos a los albatros errantes, depredadores que extraen la energía del sol de segunda mano, primero de otros animales, y estos del fitoplancton. Para capturar su ingesta diaria de energía, un albatros errante necesita recolectar diariamente la energía producida por 4000 m^2 de aguas oceánicas, el tamaño de un campo de fútbol.

Por último, tenemos a nuestros cazadores-recolectores, que son omnívoros. Si bien la proporción de comida de origen animal y vegetal en la dieta variaba ampliamente en función de factores ambientales y estacionales, por lo general consumían una mezcla equilibrada de ambas. En circunstancias normales, un hombre adulto necesitaría cosechar diariamente la energía producida por 1000 m² de tierra gracias a la radiación solar, el equivalente a dos canchas de baloncesto estándar.

Obviamente, ni los cazadores-recolectores —ni ningún animal— podían consumir cada fragmento de materia orgánica que se encontraba en el terreno. Dado que la mayor parte de la materia orgánica no es comestible, los cazadores-recolectores tenían que renunciar a la mayoría de las plantas y animales del territorio. En consecuencia, sus terrenos de recolección y caza eran mucho más grandes que la superficie mencionada anteriormente. Los cazadores-recolectores probablemente necesitarían 1 km² por persona, si no más, el equivalente a la mitad del tamaño de un campo de vuelos de un aeropuerto pequeño.

Como se dijo al principio del capítulo, está en cuestión la idea de que el Sol puede proporcionar suficiente energía para satisfacer nuestra demanda actual de consumo de energía. La energía del Sol es enorme, aun así, esta está finamente diseminada sobre la superficie de la Tierra. Cualquier transición hacia la energía renovable debe hacer frente a este hecho. No hay otra solución. Ignorar esta realidad nos conduciría a un choque frontal contra un muro. En este capítulo hemos visto que la naturaleza captura muy poca energía solar. Apenas casi nada. ¿Puede la humanidad hacerlo mejor? Esto es lo que intentaremos responder en los próximos capítulos.

Solamente una última observación, las criaturas volantes son en promedio más pequeñas que las terrestres, y las terrestres son en promedio más pequeñas que las criaturas marinas. Esto es así, ya que en cada medio la restricción de peso se convierte en un reto más difícil y, por tanto, la demanda energética crece en consecuencia. La vida comenzó en el agua, luego conquistó la tierra y finalmente el aire por algún motivo. Ninguna criatura ha conquistado el espacio.

El cohete Saturno V, un elemento vital del programa Apolo, lo hizo. Este monstruoso cohete pesaba casi 3000 toneladas y tenía la capacidad de transportar el peso equivalente a cinco elefantes a la Luna. Esto fue posible gracias a un consumo desorbitado de 770 000 litros de queroseno en la primera etapa y más de un millón de litros de hidrógeno líquido en la segunda y tercera etapas[2.24]. ¡Solo la primera etapa quemó 7,5 millones de kW·h en menos de dos minutos! Esta es la energía consumida por un elefante africano en 20 años. Hacer que un gigante de tres millones de kilos de peso despegue desde el suelo, una máquina infinitamente más pesada que cualquier criatura que jamás haya pisado la Tierra —marina, terrestre o voladora— en un mundo de baja densidad energética, va completamente en contra de cualquier noción de sostenibilidad. Salvo por razones científicas, podría considerarse un disparate.

Hacer que un gigante de tres millones de kilos de peso despegue desde el suelo va completamente en contra de cualquier noción de sostenibilidad.

3. LOS RESIDUOS SON INEVITABLES

Imaginemos por un minuto una cocina diferente. Esta cocina está totalmente aislada del resto del mundo. Sin ventanas, sin chimenea y con la puerta bien cerrada una vez dentro. En su interior, se encuentra todo lo que necesitamos para cocinar nuestro plato favorito. Hay un depósito de agua, una bombona de gas, un fogón, una nevera y una despensa repleta de buenos alimentos. También hay un gran cubo de basura y una pila para recoger las aguas residuales. Como decía al principio, la cocina está totalmente aislada, ni entra ni sale nada. Ahora, pongámonos a cocinar...

Para empezar, sin una chimenea de extracción, la habitación se llenaría rápidamente de humo. Además, todos los residuos alimenticios (cáscaras de huevo, peladuras de frutas, residuos vegetales) acabarían putrefactos en el cubo de la basura. Finalmente, sin un conducto de salida, la pila de aguas residuales se llenaría en poco tiempo. Como la puerta de la cocina está cerrada con llave, el cubo y el contenedor deben permanecer en el interior.

Y este sería el caso comida tras comida.

¿Cuánto tiempo aguantaríamos allí? No por mucho tiempo. Dado que la cocina está totalmente aislada —nada entra y nada sale— simplemente no funcionaría. Si la falta de oxígeno no nos asfixia primero, seríamos repelidos por los restos de alimentos en descomposición o el desbordamiento de la pila con aguas residuales. Y si eso

La gente generalmente asocia los residuos con la basura o los desechos municipales. Este es solo un tipo de residuo. En este libro, nos referiremos como residuo a todo aquello que se desecha porque ya no tiene utilidad.

no es suficiente para expulsarnos, quedarse sin alimentos, sin agua o sin gas ciertamente lo hará. Es evidente que para que una cocina funcione no puede estar aislada, esta debe ser abierta.

Aguas residuales, restos de alimentos, humos, basura, en otras palabras, el caos y el desorden es el trágico final de una cocina aislada. Esto es exactamente lo que descubrieron los científicos del siglo XIX: los sistemas aislados evolucionan hacia el desorden, el caos y la generación de residuos. Los científicos identificaron por primera vez esta tendencia mientras estudiaban las máquinas de vapor. Más tarde, se dieron cuenta de que también afectaba a todos los dominios de la naturaleza. No podemos sobreestimar el brutal impacto que esta causa en nuestra vida cotidiana. Dicho brevemente: cualquier proceso siempre genera residuos. Siempre. No hay escapatoria. Esta tendencia es a menudo ignorada, sin embargo, en simples términos es la causa del lío medioambiental en el que nos encontramos.

Este capítulo trata sobre los residuos y sus causas. En él, veremos por qué las leyes de la física no facilitan una captura eficiente de la energía solar. Hay muchas razones por las que la energía solar no puede solventar todos nuestros problemas. Hasta ahora, hemos visto que la energía del Sol es enorme, pero está finamente diseminada por toda la superficie de la Tierra. También hemos visto que nuestra moderna tecnología consume grandes cantidades de energía, por lo que no puede usar directamente energía de baja densidad como la solar. Para utilizar la energía del Sol, primero se debe transformar en energía útil de alta densidad. Por eso este capítulo es importante. Explica por qué este proceso genera pérdidas, muchas pérdidas de energía. A esta energía desaprovechada los científicos lo llaman calor residual.

Una última observación. La gente generalmente asocia los residuos con la basura o los desechos municipales. Este es solo un tipo de residuo. En este libro, nos referiremos como residuo a todo aquello que se desecha porque ya no tiene utilidad. Los residuos pueden ser basura, aguas residuales, dióxido de carbono, residuos orgánicos, residuos nucleares o calor residual. Todos ellos se relacionaban de alguna manera, y como veremos, esto es crítico para resolver nuestra crisis energética actual.

UNA HISTORIA AL CALOR DE LOS
AVANCES CIENTÍFICOS

Uno de los inventos más inútiles de la historia es la rueda de vapor —o eolípila— de Herón de Alejandría, un ingeniero y matemático griego que vivió en el siglo I d. C. La rueda de vapor era una esfera hueca colocada sobre una fuente de calor, que contenía agua en su interior. Al calentarse, el agua se convertía en vapor y salía a través de dos tubos situados en la esfera, lo que provocaba que la esfera comenzara a girar sobre su eje debido a la fuerza del vapor que se escapaba. ¿Tenía alguna utilidad? Ninguna. Aunque este invento demostraba el principio básico de la propulsión a vapor, nunca se utilizó para fines prácticos. Durante siglos, fue más una curiosidad intelectual que una herramienta útil. Únicamente servía de juguete. Sin embargo, con el tiempo, la rueda de vapor despertó la inquietud de científicos e inventores que especulaban sobre la relación entre vapor y movimiento. El juguete demostraba que el vapor podía mover cosas. ¿Podría el vapor convertirse en trabajo mecánico?

La historia de la ciencia y la tecnología está construida con pequeños pasos, pero de vez en cuando, hay hombres que avanzan como gigantes. Uno de ellos fue James Watt. Durante el siglo previo a Watt, se habían concebido las primeras máquinas de vapor que podían extraer agua para evitar la inundación de las minas. Estas máquinas eran extremadamente ineficientes y solamente un 1 % de la energía se transformaba en trabajo útil, el resto se desperdiciaba en forma de calor. En la práctica, esto hacía que este diseño solo valiera para el bombeo de agua en las minas de carbón, donde el carbón era abundante y no necesitaba transporte.

James Watt estudió el funcionamiento de estas máquinas mientras trabajaba como fabricante de instrumentos en la Universidad de Glasgow. Entendió por qué eran tan ineficientes y, en 1769, patentó un nuevo diseño con un condensador independiente. Esta revolucionaria innovación permitía que el vapor se condensara en una cámara diferente a la del pistón, mejorando significativamente la eficiencia y la practicidad. Con el tiempo, la máquina de Watt se convirtió en el catalizador de la Revolución Industrial, proporcionando la fuerza necesaria para fábricas, minas y locomotoras, e impulsando un crecimiento económico y un desarrollo urbano sin precedentes.

A principios del siglo XIX, se tenían unas nociones básicas del funcionamiento de la máquina de vapor, pero seguían sin comprenderse bien. Debido a la baja eficiencia de los primeros diseños, cómo mejorarla se convirtió en la obsesión inmediata de ingenieros y científicos. Se estaba en los inicios de la Revolución Industrial, las máquinas de vapor acababan de incorporarse como nuevo medio de producción y la mejora de su eficiencia podría suponer aumentar los beneficios de una manera importante.

Sadi Carnot, un oficial del cuerpo de ingenieros del ejército francés, fue uno de los primeros científicos en comprender las complejidades mecánicas y termodinámicas asociadas a estas nuevas máquinas. En 1824, Carnot publicó sus estudios sentando las bases de la termodinámica como nueva ciencia. La curiosidad de Carnot inspiró sus estudios sobre el funcionamiento de estas máquinas y estableció los límites teóricos de su eficiencia. Carnot introdujo el concepto de una máquina térmica ideal, que funciona de tal manera que logra la máxima eficiencia posible. La contribución fundamental de Carnot a la ciencia fue descubrir que el desaprovechamiento de energía es inevitable. En otras palabras, no todo el calor podía convertirse en trabajo, parte se desaprovecharía, y por lo tanto, la eficiencia nunca podría ser del 100 %. Siempre habría pérdidas. Esto era así incluso para una máquina teórica ideal. Como veremos más adelante, esto explica muchas de nuestras dificultades con la energía renovable.

Rudolf Clausius, un físico alemán, observó la transferencia irreversible y espontánea de calor de los cuerpos calientes a los más fríos. Una vez que se transfiere el calor, nunca vuelve del frío al caliente. Clausius introdujo el concepto de entropía y sentó las bases de la Segunda Ley de la Termodinámica. La entropía, como veremos con detalle más adelante, es un concepto científico que mide el desorden, el caos o la incertidumbre. Sirve para medir la capacidad de producir trabajo. La Segunda Ley de la Termodinámica establece que los sistemas tienden naturalmente a aumentar el desorden, como el ejemplo de la cocina. Otro ejemplo cotidiano es una casa durante una fiesta de cumpleaños de unos niños. No podemos esperar que la casa esté impecable una vez que el último niño se haya ido. Al contrario, ¡un gran desbarajuste nos estará aguardando para una limpieza a fondo!

La entropía y la Segunda Ley son fundamentales en la termodinámica clásica. Con el tiempo, este concepto saltaría a otras ramas de la ciencia. A finales del siglo XIX y principios del XX, el desarrollo de la mecánica estadística proporcionó una mayor comprensión de la entropía. Científicos como Boltzmann y Gibbs demostraron que la entropía podía entenderse en términos de interacciones microscópicas entre partículas. Boltzmann estableció la ecuación que calcula la entropía basándose en el número de combinaciones que se pueden hacer con los elementos de un sistema.

A mediados del siglo XX, el matemático Claude Shannon introdujo el concepto de entropía en el contexto de la teoría de la información. La entropía de Shannon mide la incertidumbre o aleatoriedad de la información en un sistema de comunicación y tiene aplicaciones en la teoría de la codificación, la criptografía y la compresión de datos. Desde sus inicios en la termodinámica clásica, la entropía se ha expandido a través de muchos otros campos científicos, como la química, la biología, la medicina, la economía, la ciencia meteorológica, la climatología, el comportamiento de sistemas complejos y muchos más.

A pesar de la enorme implicación en nuestra vida cotidiana, a diferencia de otros conceptos científicos como la energía, el peso, la temperatura o la presión, se sabe muy poco sobre el concepto de la entropía. No es de extrañar. La entropía mide el desorden, el caos o la aleatoriedad. La entropía es una forma de medir los residuos, ¿y a quién le interesa ese tema?

Pero la entropía es crucial en nuestra vida cotidiana. Los científicos lo usan para medir la capacidad de un sistema para hacer cosas. Imagínese el millón de euros del ejemplo del capítulo 2 en su cuenta corriente. Con ese dinero podría hacer muchas cosas. Con ese mismo millón de euros, repartido en un millón de islas por todo el mundo, se puede hacer muy poco. El primer caso se trata de dinero de baja entropía. La baja entropía se asocia con la capacidad de hacer muchas cosas. El segundo caso es dinero de alta entropía. Por el contrario, la alta entropía permite hacer muy poco. Ambas cantidades tienen la misma capacidad teórica de compra, pero la realidad es otra. La diferencia está en la entropía.

Esta diferencia es extremadamente importante porque, como veremos en los siguientes capítulos, la entropía establece los límites de lo que se puede conseguir con la energía, y en particular, con la energía renovable. Pero, ¿qué es exactamente la entropía?

LA CASA DE LOS HERMANOS COLLYER

Homer y Langley Collyer eran dos hermanos que vivieron en la ciudad de Nueva York en la primera mitad del siglo XX. Habían nacido en el seno de una importante familia adinerada. Ambos estaban bien formados y provenían de un entorno privilegiado. Tras la muerte de sus padres, los hermanos se volvieron cada vez más huraños y se aislaron del mundo exterior, refugiándose en su casa de Harlem. Con el paso de los años, los hermanos Collyer comenzaron a acumular grandes cantidades de objetos, como libros, periódicos, muebles, instrumentos musicales, cochecitos de bebé, bicicletas oxidadas, pistolas... Su casa se llenó de desorden hasta el punto de que muchas habitaciones eran intransitables.

En el barrio surgieron rumores de que los hermanos escondían grandes cantidades de dinero y algunas personas trataron de robar en su casa. Los hermanos reaccionaron instalando trampas para protegerse a sí mismos y a sus pertenencias. En 1947, tras los informes de un olor fétido, alguien llamó a la policía. Cuando entraron, la policía descubrió a Homer muerto y, tras una larga búsqueda a través de túneles de basura, encontraron a su hermano Langley también muerto. Había sido aplastado por una de sus propias trampas. Tras la muerte de ambos, más de 120 toneladas de objetos de valor, basura y otros artículos fueron retirados de la casa. La mayor parte se consideró inútil y acabó en el vertedero.

Los hermanos Collyer vivían en una casa de alta entropía.

Una casa minimalista, por otro lado, es lo opuesto a la casa de los hermanos Collyer. Las casas minimalistas están libres de desorden, con solo los artículos esenciales y unas pocas piezas decorativas cuidadosamente elegidas. Las plantas de las casas minimalistas suelen ser abiertas y con grandes ventanales, lo que crea una sensación de apertura, amplitud y sosiego. Los minimalistas prefieren la calidad sobre la cantidad, por ello, crean un ambiente que promueve la funcionalidad, la simplicidad y el orden. Una casa minimalista es una casa de baja entropía. ¿Por qué?

Los científicos del siglo XIX trataron de reproducir la tendencia al caos de los sistemas aislados con una formulación matemática. El primer obstáculo al que se enfrentaron fue cómo medir el desorden. Necesitaban encontrar un método para medir el desorden de sistemas como la casa de los hermanos Collyer. Crearon el concepto de entropía y, como ya se comentó, los trabajos de Boltzmann relacionan la entropía con el número de combinaciones que se pueden hacer con los elementos de un sistema —o con los objetos en un hogar—. A medida que crece el número de objetos, también crece el número de combinaciones o formas en que puedes organizarlos.

La casa de los hermanos Collyer era una casa de alta entropía porque tenían muchos objetos y, en consecuencia, estos podían combinarse de millones de maneras diferentes. Sin duda, a los hermanos Collyer nunca les faltó maneras diferentes de organizar sus pertenencias. Por otro lado, una casa minimalista es una casa de baja entropía. Esto es así ya que esta tiene menos objetos y, por lo tanto, se pueden hacer menos combinaciones. En consecuencia, la fórmula de Boltzmann genera un número de entropía más bajo. ¿Por qué es importante la entropía?

La casa de los hermanos Collyer era una casa de alta entropía
porque tenían muchos objetos y, en consecuencia, estos
podían combinarse de millones de maneras diferentes.

EL VALOR DEL ORDEN

En la película *Gladiator*, las primeras escenas muestran al emperador romano Marco Aurelio en la fase final de su campaña contra las tribus germánicas. El general Máximo Décimo Meridio lidera al ejército romano en la batalla. Máximo es un líder brillante y respetado, tanto por sus hombres como por el emperador. Su visión táctica y su valentía personal se exhiben claramente mientras orquesta la estrategia para la victoria final. Tiene al alcance de su mano la conquista de la última provincia rebelde de la frontera norte.

Máximo marcha entre sus tropas, un ejército bien organizado, profesional y disciplinado, mientras anima a los soldados minutos antes de la batalla. Los romanos han enviado un mensajero con la esperanza de una rendición pacífica. Desde la espesura del bosque se escuchan los gritos de un grupo de rudos guerreros vestidos con pieles y armaduras simples de cuero que aguardan el inicio de la batalla. Finalmente, un recio guerrero germánico arroja la cabeza del desafortunado mensajero. Habrá guerra. Los germanos surgen del bosque blandiendo sus armas primitivas en señal de desafío. En ese momento, Quinto, el segundo al mando, comenta: «Un pueblo debería saber cuándo ha sido conquistado». Las tribus germánicas estaban condenadas a la derrota antes de comenzar la batalla.

Los estados ordenados son críticos porque son útiles para hacer cosas o extraer trabajo. Un grupo desorganizado de rudos guerreros germánicos no era rival para un ejército romano profesional y bien organizado. Roma conquistó el mundo mediterráneo porque estaba mucho más organizada que sus vecinos bárbaros. Por eso el orden es importante. Los estados desordenados, o estados de alta entropía, normalmente se consideran residuos, ya que se puede extraer poco provecho de ellos. Los estados ordenados, sin embargo, son muy útiles. Podemos hacer muchas cosas útiles con ellos. Una biblioteca con muy pocos libros extraviados (una biblioteca de baja entropía) es más útil que una biblioteca desorganizada con muchos libros extraviados (una biblioteca de alta entropía). O pensemos en la casa de los hermanos Collyer. Seguramente tenían todos los utensilios de cocina imaginables, pero apuesto a que era muy difícil freír un huevo en su cocina. Una cocina limpia y ordenada es el sello distintivo de un buen cocinero. Un último ejemplo, el ejemplo anterior del millón de euros. Un millón de euros en una sola cuenta corriente son mucho más útiles que un millón de euros desperdigados en un millón de islas por el mundo.

Esta es la razón por la que poder medir el orden es importante para científicos e ingenieros. Les da una idea de cuánto trabajo se puede extraer de un sistema. Si hay demasiado desorden —alta entropía— se considera residuo. De nada sirve perder el tiempo en ello. Como veremos, algunas fuentes de energía, a pesar de ser abundantes, son inservibles, debido a su alta entropía.

Los materiales de desecho, como los residuos urbanos, tienen normalmente una alta entropía. Este es así porque los residuos suelen ser mezclas desordenadas de varios materiales. Por lo tanto, los residuos tienen una alta entropía porque se pueden presentar de muchas combinaciones sin modificar su propiedad externa. Se pueden mezclar los residuos de diferentes maneras y cambiar su configuración interna —la materia está en distinto orden—, pero la propiedad externa de los residuos permanece: no es más que un montón de morralla inservible. Dado que los residuos tienen una alta entropía, se puede sacar muy poco provecho de ellos.

Pasando a un nivel más técnico, el calor a baja temperatura es otra forma de residuo. Dada una cierta cantidad de energía, los sistemas fríos tienen más entropía que los calientes. Esto es así porque los sistemas fríos requieren más moléculas que los calientes para absorber dicha energía. Más moléculas frías en un sistema son como más trastos desordenados en la casa de los hermanos Collyer. No es una buena idea. Los sistemas calientes sirven para extraer trabajo, los sistemas fríos no. Los ingenieros saben cómo extraer una cantidad significativa de trabajo de un horno caliente, muy poco de unas brasas moribundas. El hecho de que se pueda extraer poco trabajo del calor a baja temperatura lo convierte en una forma de residuo. Los científicos e ingenieros lo llaman calor residual. Ejemplos de calor residual son el calor que proviene de una tostadora en funcionamiento, una bombilla o el capó del motor de un vehículo después de conducir durante un tiempo. Eso es calor residual y no sirve para nada. Incidiremos en un capítulo posterior.

LA SEGUNDA LEY DE LA TERMODINÁMICA

Una vez que los científicos descubrieron cómo medir el desorden, establecieron la Segunda Ley de la Termodinámica. Esta ley refleja la tendencia espontánea al desorden que se encuentra en la naturaleza. Podría enunciarse como: «Los sistemas aislados evolucionan espontáneamente a un estado en el que la entropía es más alta».

Dicho en simples palabras, la Segunda Ley establece que hay una tendencia a que las cosas se desordenen solas. Deje jugar a niños pequeños, organice una fiesta salvaje o remodele su cocina, si ocurre en una zona aislada con las puertas cerradas, espere al final un gran desorden. Aún más, una vez que un sistema aislado ha alcanzado su nivel más alto de entropía, no espere que vuelva espontáneamente a la normalidad. No espere que los objetos de una habitación desordenada se limpien y se organicen por sí solos.

En la naturaleza, esta ley se manifiesta por la unidireccionalidad de muchos procesos. El calor fluye de una habitación más caliente a otra más fría. Las malas hierbas se apoderan de los jardines. La maquinaria abandonada se oxida. Los edificios antiguos se derrumban. Las mechas de las velas arden. Las rocas caen, golpean el suelo y luego permanecen inmóviles. Nunca vuelven a la posición original. La transición de la vida a la muerte es el último y definitivo ejemplo de unidireccionalidad de un proceso. Una vez que la vida se va, no podemos traerla de vuelta. En todos los casos, la entropía aumenta durante el proceso. En última instancia, el desorden nunca deja de crecer y nada escapa a la decadencia. La opresión de la entropía es inquebrantable.

Dado que la Segunda Ley de la Termodinámica se aplica a todos los campos de la naturaleza, no solo a la Termodinámica, a partir de ahora nos referiremos a ella como la Ley del Incremento de los Residuos. Los residuos siempre crecen, nunca se reducen. Esto es necesario porque hay una tendencia a olvidar que esta ley aplica a todo en la vida. La entropía es un concepto oscuro y enrevesado y, en consecuencia, es poco conocido por las personas sin conocimientos técnicos. Sin embargo, a diferencia de los cambios diarios de temperatura o presión, el aumento unidireccional de la entropía tiene un efecto permanente. Son las leyes de la física. El dióxido de carbono aumenta. Los residuos urbanos aumentan. Los microplásticos en los océanos aumentan. Esta falta de conciencia, en mi opinión, explica por qué nos está costando resolver el desastre ambiental en el que nos hayamos.

Imagine que lanza una caja de legos al aire. En teoría, sería posible que las piezas cayeran en su lugar y se construyera solo el transbordador espacial que se muestra en la foto de la caja. En realidad, esto nunca sucede. Hay tantas combinaciones posibles, millones de millones de ellas, que probabilísticamente es imposible.

LEY DEL INCREMENTO DE LOS RESIDUOS

Imagine que lanza una caja de legos al aire. En teoría, sería posible que las piezas cayeran en su lugar y se construyera solo el transbordador espacial que se muestra en la foto de la caja. En realidad, esto nunca sucede. Hay tantas combinaciones posibles, millones de millones de ellas, que probabilísticamente es imposible. Únicamente hay una combinación posible en la que cada pieza cae en su lugar, pero hay un número casi infinito de formas de caer en desorden. Un resultado ordenado es estadísticamente imposible. El orden no ocurre al azar.

Hay una razón simple por la que la entropía —o desorden— crece. De todas las formas posibles de organizar piezas de una caja de Legos, partes de una máquina, libros en una biblioteca o utensilios de cocina en su hogar, hay muchos menos estados ordenados que desordenados. Un estado ordenado es un estado excepcional entre miles. Por ejemplo, tome un conjunto de fichas marcadas con los números del 1 al 9. Puede alinear las fichas en 362 880 combinaciones diferentes, pero solamente hay una combinación en la que las fichas están alineadas en orden creciente del 1 al 9. En consecuencia, es muy probable que una distribución aleatoria de las fichas dé como resultado un estado desordenado. Y si las fichas estuvieran en orden, cualquier cambio aleatorio seguramente traería el fin del estado ordenado existente. Esta es la razón por la que los sistemas se desorganizan en la naturaleza, simplemente porque hay muchos más posibles estados desordenados que ordenados.

La fórmula de entropía de Boltzmann utiliza factoriales. Un factorial es una operación matemática que hace que el concepto de «crecimiento exponencial» parezca ridículamente pequeño. Si se añade un solo elemento más a la fórmula de entropía de Boltzmann se obtiene un «crecimiento factorial». Un crecimiento factorial es un crecimiento enorme, gigantesco, descomunal.

Simplemente, tome un juego de cinco cartas y colóquelas sobre una mesa. Cambie el orden aleatoriamente. Otra vez. Y otra vez. Si hiciera una nueva distribución cada segundo, le llevaría dos minutos obtener las 120 combinaciones posibles. Ahora tome 10 cartas y vuelva a intentarlo. Incluso si tardara únicamente un segundo por combinación, le llevaría todo el año obtener todas las combinaciones posibles. Con 20 cartas, no podría hacerlo incluso si comenzase cuando el Big Bang creó el Universo hace 13 800 millones de años.

Las combinaciones que se pueden obtener con un conjunto de cinco cartas son obviamente menores que las que se obtienen con un conjunto de 20. Pero esta es la clave, cada vez que duplicamos el número de cartas, un factorial no duplica el número de combinaciones, es muchas, muchísimas veces más. Las combinaciones que se pueden obtener con 20 cartas son trillones de veces, el número de combinaciones que se pueden hacer con solo cinco.

¿Es posible esquivar la Ley del Incremento de los Residuos? No. En un sistema aislado, la entropía no puede disminuir, es imposible. Sin embargo, a lo sumo, bajo condiciones ideales, la entropía total de un sistema aislado podría teóricamente permanecer constante. A esto se le llama proceso reversible. Un proceso reversible tiene lugar a una velocidad infinitesimalmente lenta, de tal manera que todos los elementos del sistema permanecen en equilibrio. Bajo estas circunstancias, no se produce ningún residuo. Este es solo un modelo teórico e idealizado, porque en el mundo real no hay procesos reversibles. Siempre se produce algún residuo, aunque se trate de calor residual debido a la fricción a nivel microscópico. En el mundo real, todos los procesos ocurren lo suficientemente rápido como para desviarse del equilibrio. En consecuencia, el proceso no es reversible, la entropía aumenta y se generan residuos. Más aún, los procesos rápidos generan más residuos. ¿Es esto posible?

Conducir deprisa consume más gasolina. Caminar rápido con una taza de café genera más derrames.

MÁS RÁPIDO, MÁS RESIDUOS

Hace poco viajé a Tetuán, en Marruecos. Las estrechas callejuelas de la medina están llenas de los sonidos y aromas de la vida cotidiana. Para un forastero, la medina ofrece una experiencia única, con vibrantes colores, aromas irresistibles y el ajetreo y bullicio del típico mercado tradicional. La medina es la morada de numerosos comercios donde mercaderes y clientes se mezclan y charlan cotidianamente. A pesar de la animada actividad diaria, la vida en la medina sigue un ritmo más lento en comparación con los mercados modernos. Mercaderes y clientes regatean, la gente se detiene a charlar con vecinos y amigos, obreros y artesanos trabajan a un ritmo pausado y hombres y mujeres se reúnen en los cafés locales para relajarse y descansar alrededor de una taza de té de menta bien azucarado. La vida en la medina se desarrolla sin prisas.

En muchas ciudades de Marruecos, como en la medina de Tetuán, los comerciantes de alimentos y los artesanos venden sus productos a granel y proporcionan un embalaje personalizado a cada cliente. Este no es así en los modernos centros comerciales de Europa, en donde casi todos los alimentos se despachan preenvasados y muchos productos se venden en cajas. Más aún, dado que los comerciantes marroquíes venden menos mercancía a lo largo del año, al final, los rápidos y eficientes centros comerciales modernos generan más residuos. Esta es una de las razones por las que Marruecos genera menos basura que Noruega. Los marroquíes generan alrededor de 240 kilogramos de residuos municipales por persona y año. Por el contrario, los noruegos generan tres veces más. Las calles de Tetuán pueden parecer más sucias que las de Oslo, pero lo cierto es que el lento y sosegado ritmo de vida de los marroquíes ayuda a generar muchos menos residuos.

Esta es una consecuencia importante de la Ley de Incremento de los Residuos. Los procesos rápidos y eficientes producen más residuos. Aunque la relación entre velocidad y residuos en cualquier proceso es compleja y depende de varios factores, normalmente los procesos rápidos generan más residuos. Conducir deprisa consume más gasolina. Caminar rápido con una taza de café genera más derrames. Una medición rápida en la construcción produce cortes de madera o paneles inservibles. El ruido es otro tipo de residuo, es energía acústica desordenada. Para evitar hacer ruidos, hacemos movimientos lentos.

Curiosamente, desde los albores de la industrialización, el ingenio humano se ha esforzado siempre por una fabricación más expeditiva. El tiempo es dinero, y cuanto menos tiempo dedicado a la producción, más beneficios. Sin embargo, un proceso rápido y eficiente generando ingresos no significa necesariamente que sea eficiente reduciendo residuos. La industria de los restaurantes de comida rápida es un buen ejemplo. Piense en todos los residuos que se generan en cualquiera de esos restaurantes después de comer una buena hamburguesa con queso, patatas fritas y su bebida favorita: servilletas de papel, vasos de plástico, bolsitas de plástico de kétchup vacías, cubiertos de plástico, cuencos de papel, pajitas de papel... El uso de objetos desechables es el sello distintivo de la industria de la comida rápida. Desde el punto de vista económico, puede ser una industria muy eficiente, desde el punto de vista de la reducción de residuos, no lo es.

El impacto de la Ley de Incremento de los Residuos es enorme. Cualquier cambio o transformación de cualquier tipo aumenta la entropía (es decir, genera residuos), ya sean residuos animales, basura municipal, aguas residuales industriales, dióxido de carbono, dióxido de nitrógeno, residuos nucleares o calor residual a baja temperatura. Basta con pensar en cualquier actividad económica: hospitales, restaurantes, oficinas de ingeniería, fabricantes industriales, peluquerías, panaderías, editoriales de libros... lo que sea, todos generan algún tipo de residuo. No hay manera de evitarlo. Seamos claros: ninguna tecnología hecha por el hombre, por muy avanzada que sea, puede evitar esta ley fundamental de la física. Cualquier cambio generará inevitablemente más residuos. Los procesos de producción humana son, en esencia, puro cambio. Consecuentemente, generan residuos, y cuanto más productivos seamos, más residuos generaremos. Es tan simple como eso.

¿PODREMOS ALGUNA VEZ REDUCIR LA ENTROPÍA O LOS RESIDUOS?

Intuitivamente, todos sabemos cómo lidiar con la entropía sin darnos cuenta. Conocía a un matrimonio, al que le encantaba invitar a los amigos a su casa, pero que no era precisamente conocido por sus habilidades de orden y limpieza. Un día, la madre de la esposa llamó para anunciarles una visita por sorpresa. La madre iba con su hermana, una fanática de la limpieza famosa en la familia por su habilidad especial para localizar desorden incluso debajo de la alfombra. Tan pronto como mi amiga colgó el teléfono, cundió el pánico. «Vamos a meter todo en la habitación de invitados», dijo a su marido.

La pareja se puso manos a la obra, recogiendo frenéticamente montones de revistas, zapatos, bolsas de patatas fritas medio vacías y otros trastos. Incluso metieron la vieja bicicleta estática que no habían usado en años. Justo en el momento en el que cerraban la puerta de la habitación de invitados, dejando tras ellos una montaña de desorden y caos, sonó el timbre. Mientras se intercambiaban cumplidos de bienvenida, los ojos de su tía recorrían meticulosamente la impecable sala de estar, asintiendo con aprobación. La mirada de su madre transmitía orgullo y aprobación. Y es entonces cuando la tía dijo: «Hemos venido para recoger un libro para tu madre. Lo dejé en la habitación de invitados la última vez que vine». E inmediatamente, se dio la vuelta y abrió la puerta de esta habitación. «¡No, no! ¡Ahí no está!», dijo mi amiga. Demasiado tarde.

Sin saberlo, mis amigos habían transferido toda la entropía —caos o desorden— de la sala de estar a la habitación de invitados. Por intuición, sabían que la forma más fácil de limpiar una habitación era trasladar el desastre a otra habitación. Esa es la forma más sencilla de disminuir la entropía de cualquier sitio.

Esta es la clave del éxito del programa de televisión *Limpiando con Marie Kondo*. Marie Kondo, una consultora japonesa experta en organización, ayuda a individuos y familias a ordenar y organizar sus hogares. El programa comienza con la presentación de la familia, destacando su lucha contra el desorden y el impacto que este tiene en sus vidas. Cada episodio se centra en un hogar diferente, y aunque muchas personas asocian su método con el orden o la organización, en realidad su método consiste en deshacerse de objetos innecesarios. Ese es el método KonMari.

No sé si Marie Kondo ha estudiado los trabajos de Boltzmann sobre termodinámica y la entropía, pero da justo en el clavo. La forma más rápida, fácil y directa de reducir el caos, o aumentar el orden, es ante todo reducir el número de objetos. La fórmula factorial de Boltzmann es concluyente. Simplemente, deshágase de cosas y ordenará su vida. Es matemática en estado puro.

Muchas personas en los países ricos tienen la percepción equivocada de que la tecnología reduce, o incluso elimina, los residuos. Esto no es así. Como acabamos de ver, cualquier tecnología genera inevitablemente residuos. Las naciones ricas parecen «más limpias» porque son mejores ocultando, mejor aún, exportando sus residuos más allá de sus fronteras. Sin embargo, sus residuos se acumulan en algún sitio. Sin duda, los responsables de la gestión de residuos de los países ricos no se pierden un solo programa de Marie Kondo.

¿Qué está ocurriendo entonces? La Ley del Incremento de los Residuos es válida para sistemas aislados, como el ejemplo de la cocina al principio del capítulo. Sin embargo, si el sistema es abierto, entonces no hay restricciones, y la entropía —o los residuos— del sistema puede aumentar o disminuir. Las cocinas en todo el mundo funcionan, ya que todas son sistemas abiertos. Los residuos sólidos, las aguas residuales y los humos se evacuan mediante diferentes mecanismos. La disminución de la entropía, o la eliminación de residuos, es posible en entornos no aislados.

Lo que discutiremos a continuación puede parecer demasiado técnico, pero es importante comprender los diferentes tipos de sistemas que existen. Comprender las diferencias ayuda a explicar qué se puede esperar de la tecnología en términos de aumentar o disminuir la entropía, en otras palabras, en términos de crear o eliminar residuos. Mucha gente piensa que la degradación ambiental disminuye a medida que las naciones se vuelven más ricas. Esto no es así, y veremos por qué en un capítulo futuro. Para entender la situación actual es fundamental comprender cómo se elimina la entropía —o los residuos—. No es como la mayoría de la gente piensa.

La primera pregunta es: ¿qué es un sistema? En el mundo científico, un sistema se refiere a una porción específica del universo que se elige para su estudio o análisis. Normalmente es un volumen de espacio, cuyos límites pueden ser reales o imaginarios, que contiene un conjunto de materia o energía. El sistema se define en función del contexto del problema que se está estudiando.

Por ejemplo, si contratáramos los servicios de Marie Kondo para ordenar nuestras vidas, su primera pregunta sería: ¿qué es exactamente lo que queremos ordenar? Podría ser un armario, una habitación, una casa, una ciudad o todo el planeta Tierra. Cada opción es un sistema, y cada una de ellas tiene diferentes límites con diferentes características que conllevan diferentes implicaciones. Al analizar el comportamiento del sistema, se deben tener en cuenta las interacciones a través de sus límites. Ignorar estas interacciones sería un error fatal.

El método de Marie Kondo es simple: el desorden se elimina de una casa a costa de atravesar los límites de la casa y transferir los objetos no deseados a otro sitio. Podría ser trasladarlos a un vertedero, guardarlos en un trastero comercial o donarlos a una organización sin ánimo de lucro. Dado que una casa no está aislada del mundo exterior, las pertenencias pueden entrar y salir. Las casas se pueden ordenar porque se pueden extraer los objetos no deseados.

Si se le pidiera a Marie Kondo que hiciera lo mismo con los residuos urbanos de una ciudad, actuaría de la misma manera: eliminaría los residuos de la ciudad a costa de atravesar los límites de la ciudad y trasladarlos a un vertedero municipal exterior. Eso es lo que hacen los gestores de los residuos urbanos. Las ciudades se mantienen limpias porque se extrae la basura y las aguas residuales. Sin embargo, a escala planetaria, esa opción no es posible. El planeta Tierra no es un sistema abierto. No podemos reducir/eliminar los residuos enviándolos fuera de sus límites. El envío a gran escala de residuos generados por el hombre al espacio exterior está fuera de toda consideración. La basura creada en la Tierra permanece en la Tierra. Más aún, el dióxido de carbono liberado en la Tierra permanece en la Tierra. El método de Marie Kondo no sirve para ordenar el planeta. ¿Es esto cierto?

Para responder a esta pregunta primero tenemos que entender los diferentes tipos de sistemas. Los científicos diferencian tres tipos:

1. Sistemas abiertos: Se permite la transferencia, dentro o fuera del sistema, tanto de materia como de energía.
2. Sistemas híbridos: No se permite la transferencia de materia, aunque sí se permite la transferencia de energía.
3. Sistemas aislados: No se permite la transferencia ni de materia ni de energía.

Los seres vivos son sistemas abiertos. Los animales, incluidos los humanos, se consideran sistemas abiertos, ya que intercambian materia y energía con el mundo exterior. Absorben alimentos, agua y oxígeno, desechan el dióxido de carbono, los excrementos y, finalmente, intercambian calor con el medio ambiente. La Ley del Incremento de los Residuos no se aplica a los animales, ya que no son sistemas aislados. Los animales son estructuras organizadas que se mantienen organizadas internamente —la entropía sigue siendo la misma— ya que disponen de mecanismos para expulsar al exterior los residuos generados por los cambios metabólicos internos. La entropía del animal permanece constante a costa de transferir los aumentos de entropía al entorno exterior.

El planeta Tierra es un ejemplo de sistema híbrido. La Tierra puede considerarse un sistema híbrido porque intercambia energía, pero no intercambia materia con su entorno. Recibe la radiación del Sol y emite calor a baja temperatura al espacio exterior. Se podría argumentar que se intercambia materia con el espacio exterior, como la liberación de gases, el lanzamiento muy reciente de naves espaciales o la entrada de meteoritos. Sin embargo, en términos prácticos, la materia intercambiada es a pequeña escala y en consecuencia, se puede considerar insignificante en comparación con la masa total de la Tierra.

Finalmente, desde un punto de vista termodinámico tradicional, el Universo podría considerarse un sistema aislado si lo definimos como todo lo que existe, incluyendo toda la materia y la energía. Nada entra y nada sale. En consecuencia, la entropía del Universo siempre está aumentando. Aun cuando los recientes avances de la física pueden matizar esta afirmación, esto no es relevante para el objeto de este libro. En cualquier caso, la pregunta permanece: ¿podemos reducir la entropía de un sistema?

LA PLAYA DE CRISTAL

Fort Bragg es un pequeño destino turístico en la costa del Pacífico de California. Es bien conocido por sus vistas al océano y su Playa de Cristal. La historia de la Playa de Cristal es bastante singular. Desde 1906 y durante varias décadas, esta zona de la costa se utilizaba como vertedero. Los residentes locales y la ciudad vertían todo tipo de basura, incluidos vidrios, electrodomésticos, escombros, muebles e incluso vehículos. Debido a que, a pesar de las fuertes tormentas, los ritmos de las olas no desperdigaban todo lo que se abandonaba en la playa, con el paso del tiempo, los residuos no cesaron de acumularse.

Esta práctica continuó hasta 1967, cuando la legislación ambiental y la concienciación social cambiaron las conductas sobre el tratamiento de residuos. Las autoridades locales sellaron los vertederos en la playa y comenzaron los esfuerzos para limpiar la zona. Con el paso de los años, la acción implacable de las olas fracturó el vidrio y otros residuos, revolcando y puliendo los trozos hasta convertirlos en un vidrio alisado de colores. El vidrio, en varios tonos de rojo, azul, verde y transparente, terminó cubriendo la playa. Hoy, la playa se ha convertido en un destino turístico popular. El lugar es muy hermoso. Es difícil de creer que en el pasado fuera un vertedero descontrolado.

¿Se ha resuelto realmente el problema de los residuos? No, la realidad es que no. Después de todo, los responsables locales simplemente razonaron que el océano no era el lugar para los vertidos y buscaron otro. No se redujo la basura municipal, ni se impuso el reciclaje integral ni se prohibió el uso de materiales peligrosos en el municipio. Simplemente se trasladó el problema de un lugar a otro. Hoy en día, Fort Bragg tiene un sistema de recolección de residuos eficiente con robustos programas de reciclaje y compostaje. Sin embargo, como en todas partes, una buena parte de los residuos (los no reciclables o no compostables) todavía se descarga en algún vertedero cercano.

La historia del pueblo de Fort Bragg nos ayuda a ilustrar el problema de la pregunta sobre la reducción de la entropía. Su respuesta no es tan sencilla. A nivel local, si el sistema no está aislado, si el sistema es abierto como los seres vivos, una playa o una ciudad, la respuesta es sí. Pero esta es la clave, dado que el Universo es un sistema aislado, a nivel global, la respuesta es no.

Cualquier cambio o transformación en el Universo debe aumentar su entropía. La única forma de reducir la entropía en un rincón del Universo es aumentarla en otro lugar. En otras palabras, la única forma de reducir la entropía de un sistema es abrir el sistema y poner parte de la entropía adicional generada (residuos, desorganización o calor a baja temperatura) en otro lugar. Es el truco de los habitantes de Fort Bragg. Es el truco de Marie Kondo.

Una sala de estar se mantiene organizada, transfiriendo objetos al trastero. Las ciudades reducen sus residuos recogiendo la basura y transfiriéndola a un vertedero. Las industrias químicas se mantienen limpias mediante la descarga de aguas residuales en una planta de tratamiento de agua. Como acabamos de ver, los animales son otro ejemplo de reducción de la entropía a expensas de transferir sus residuos al entorno exterior. Incluso una tarea sencilla, como clasificar los libros de la biblioteca, genera residuos, aunque sean muy pocos. Esta tarea requiere inteligencia y la destreza de un par de manos. No se puede hacer sin la energía usada por nuestro cerebro y los músculos del cuerpo. En consecuencia, esta tarea genera desechos en forma de dióxido de carbono, excrementos y calor.

En otras palabras, la única forma de reducir la entropía de un sistema es abrir el sistema y poner parte de la entropía adicional generada (residuos, desorganización o calor a baja temperatura) en otro lugar. Es el truco de los habitantes de Fort Bragg. Es el truco de Marie Kondo.

LOS RESIDUOS MATERIALES Y EL CALOR
RESIDUAL SON INTERCAMBIABLES

Los seres vivos permanecen organizados internamente a costa de verter sus residuos en el medio ambiente. Si los seres vivos vierten sus residuos en algún lugar del planeta, entonces, de acuerdo con la Ley del Incremento de los Residuos, tras más de 3500 millones de años de vida, el planeta Tierra debería ser un enorme vertedero de desechos. En otras palabras, la Tierra debería ser una gran canica azul llena de excrementos de animales y dióxido de carbono. Esto no es así. ¿Por qué?

La Ley del Incremento de los Residuos exige que cualquier cambio o transformación vaya acompañado de un aumento de los residuos. Sin embargo, la ley no especifica qué tipo de residuos. En otras palabras, el incremento de residuos puede ocurrir mediante más residuos materiales o... ¡calor residual! Este último punto es absolutamente crucial para resolver el lío ambiental actual en el que nos encontramos. Absolutamente crucial.

Así es como funciona la naturaleza. El planeta Tierra mantiene su entropía bajo control en dos etapas. En primer lugar, la naturaleza transforma los residuos orgánicos —sólidos, líquidos y gaseosos— en calor residual. Por ejemplo, el compostaje de residuos orgánicos genera calor. En una segunda etapa, una vez hecho esto, el calor se evacua al espacio exterior. Como se ha visto anteriormente, el planeta Tierra no es un sistema aislado, es un sistema híbrido, lo que significa que la Tierra no intercambia materia con el espacio exterior, pero sí intercambia energía. La Tierra, además de recibir la radiación del Sol, emite radiación de onda larga —o calor residual— al espacio exterior.

El planeta Tierra utiliza la estrategia de Marie Kondo, pero solo con la energía. El planeta Tierra desecha el calor residual inútil al espacio. Así es como la Tierra permanece ordenada, irradiando calor. De esta manera, la entropía no se acumula en la Tierra y el exceso de entropía se transfiere a algún lugar del espacio profundo sin violar la Ley del Incremento de los Residuos.

Debemos convertir los residuos materiales producidos por el hombre en calor residual. De la misma manera que lo hace la naturaleza. Si la gente entiende esto, entonces estamos mucho más cerca de resolver nuestro problema ambiental.

¿Cómo convertimos los residuos materiales en calor residual? ¿Es esto posible?

Cuando compramos un libro por 20 euros, el dinero no se convierte físicamente en un libro. Lo que realmente estamos haciendo es intercambiar el valor de un billete de 20 euros por el valor de un libro. Algo parecido pasa con la entropía. Realmente los residuos materiales no se convierten físicamente en calor residual. Lo que ocurre es que se transfiere el desorden —o la entropía— de un lado a otro.

He aquí un ejemplo fácil de visualizar. Consideremos una biblioteca formada por 10 000 libros, y supongamos que esta biblioteca tiene un conjunto de 100 libros extraviados al final de cada jornada laboral. ¿Cómo podemos convertir un tipo de residuo —el desorden de los libros— en otro tipo de residuo como es el calor?

Supongamos que hemos desarrollado un robot inteligente, que funciona con electricidad limpia procedente de paneles solares. El robot se mueve por la biblioteca todas las noches en busca de libros extraviados. Este robot puede encontrar estos libros y volver a colocarlos en la ubicación correcta. Al amanecer, cuando los empleados vuelven para abrir la biblioteca, el robot ha eliminado el desorden. Todos los libros están en su sitio. De acuerdo con la Ley de Incremento de los Residuos, este proceso debería haber generado residuos en algún lugar. ¿Dónde está este residuo? El residuo es calor residual. Es el único residuo producido por el robot y sus sistemas auxiliares.

Lo bueno de transformar un tipo de residuo —desorden de los libros— en otro tipo —calor residual— es que este último puede acabar irradiándose al espacio exterior. A nivel macroscópico, la Tierra se mantiene organizada a pesar de los cambios internos, sin violar la Ley del Incremento de los Residuos. En otras palabras, el inevitable residuo generado se transfiere a algún lugar del espacio exterior. Esto es lo que la Tierra ha estado haciendo durante millones de años. Así de sencillo.

Esta es la manera, la única manera, de que podamos «esquivar» la Ley del Incremento de los Residuos. Para mantener bajo control los niveles de residuos en la Tierra, debemos convertir los residuos materiales en calor residual. Este ardid vale para los residuos urbanos, la basura doméstica, las aguas residuales, el dióxido de carbono o cualquier otro tipo de residuo. Esto es equivalente a un programa completo de reciclaje que funciona con energía limpia.

Hasta ahora las buenas noticias. ¿Dónde está la trampa? Hace falta mucha energía. Muchísima. Esa es una de las razones por la que sostengo que no podemos mantener nuestros niveles de consumo de energía solo con energía solar. Volveremos sobre este punto en los próximos capítulos.

CONCLUSIÓN

El impacto de la Ley del Incremento de los Residuos es enorme, no se puede sobreestimar y es la piedra angular en la argumentación de los siguientes capítulos. Según esta ley, cualquier proceso o cambio aumenta la entropía en el Universo, es decir, genera residuos en algún lugar. En consecuencia, cualquier esfuerzo que hagamos, por muy innovadora que sea la tecnología, generará más residuos. Ninguna tecnología revolucionaria puede violar esta ley física fundamental. Además, el incremento de residuos es acumulativo. Los residuos se amontonan. No es como la temperatura que sube y baja. El problema de las emisiones de dióxido de carbono ofrece un buen testimonio de ello.

Básicamente, hay dos tipos de residuos: el calor residual y las cosas inútiles como el dióxido de carbono, las aguas residuales o las basuras domésticas. El calor residual no es motivo de preocupación. Como acabamos de ver, la Tierra es un sistema híbrido, lo que significa que intercambia energía con el espacio exterior. Cualquier calor adicional que pueda generar la actividad humana no se acumula en la Tierra. Es evacuado mediante la radiación de onda larga desde las capas superiores de la atmósfera hacia el espacio exterior. En este sentido, no hay ningún aumento de la entropía. Comprender que el calor residual no es una preocupación es crucial para resolver nuestra crisis ambiental.

Los residuos materiales son otra historia. La Tierra no es un sistema abierto, por lo tanto, no podemos evacuar la materia de desecho: residuos sólidos, líquidos o gaseosos. Todos los residuos generados por el hombre permanecen en la Tierra. El hecho de que la Tierra no sea un sistema abierto es un enorme problema porque los tres sumideros —la atmósfera, los océanos y la tierra— no son ilimitados. Algunos de ellos están empezando a mostrar signos de agotamiento. Esto puede ser bastante inconveniente porque algunos residuos, incluso en pequeñas cantidades, a veces pueden causar mucho daño. Así es como funciona el veneno, una cantidad insignificante mata.

El Incremento de los residuos es incesante, el desorden siempre aumenta. Esta es la razón por la que las naciones ricas no son más limpias. Eso es un mito. Va en contra de la Ley de Incremento de los Residuos. Pero no nos desesperaremos. La Tierra ha encontrado un sistema para esquivar la ley. En primer lugar, debemos convertir todos los residuos materiales producidos por el hombre en calor residual. En segundo lugar, la Tierra irradiará este calor residual al espacio. De esta manera, y no de otra, se podría resolver el problema actual del dióxido de carbono. O ya de paso, cualquier problema de residuos provocado por el hombre.

En los próximos capítulos, abordaremos estos temas. Puede ser la solución para desenredar el lío en el que nos encontramos. Le adelanto que no va a ser fácil. Va a ser muy duro. Antes de profundizar en la materia, necesitamos entender cómo la Ley del Incremento de los Residuos afecta los flujos de energía en la economía. Queda advertido, el impacto es enorme.

4. ABUNDANCIA DE ENERGÍA

«La energía es la única moneda universal;
es necesaria para hacer cualquier cosa».

VACLAV SMIL, científico

Hace algunos unos años, de viaje por las Montañas Amarillas de China con mi familia, un teleférico nos trasladó a un lugar con una de las vistas más impresionantes que jamás haya disfrutado en mi vida. La vista de los senderos desafiando la gravedad a lo largo de las quebradas quitaba el aliento. Desde el mirador, la ciudad de donde veníamos parecía diminuta y distante. El trayecto no debió durar más de 10 minutos.

Durante el viaje, mientras estaba cómodamente sentado en el teleférico, pude ver un ejército de cientos de humildes campesinos chinos serpenteando por un sendero estrecho que subía la montaña. Iban cargados con cestas de bambú llenas de comida y bebida para los turistas. Esta pobre gente se ganaba la vida diariamente, subiendo completamente cargados durante horas. No me extrañaría que tuvieran que soportar esta terrible experiencia dos veces al día.

El contraste entre estos dos mundos era asombroso. La China moderna y antigua coexistían en este pequeño rincón del país. Por un lado, cientos de turistas chinos consumiendo una enorme cantidad de energía, por el otro, humildes campesinos chinos aun usando la fuerza de brazos y piernas para sobrevivir diariamente. La diferencia entre nuestro mundo moderno y el viejo mundo se puede resumir en tres palabras: diferente intensidad energética.

Nuestra capacidad para capturar cantidades ingentes de energía y convertirla en trabajo útil es lo que hace posible nuestra forma de vida moderna. Nada más. Si todo el mundo pudiera tener acceso a una gran cantidad de energía, se podría eliminar la pobreza de una vez por todas, haciendo posible en nuestro tiempo el sueño de la humanidad. Pero la energía solar —limpia y gratuita— está finamente diseminada sobre la superficie del planeta. No está concentrada como los combustibles fósiles, y nuestro mundo necesita energía de alta concentración. Si queremos pasarnos a las renovables, necesitamos capturar la energía renovable, concentrarla, transportarla y distribuirla allí donde se necesita. Cualquiera de estos pasos requiere procesos con cambios. Los cambios, según la Ley del Incremento de los Residuos, generan residuos, incluido el calor residual. La ley establece que este residuo es inevitable. A pesar de ello, muchas personas piensan que no hay motivo de preocupación. Argumentan que se puede capturar tanta energía como queramos del Sol. ¿Tienen razón?

En el capítulo 2, vimos que la naturaleza es extremadamente ineficiente a la hora de capturar la energía del Sol. El equivalente a recuperar solo 800 euros de un millón de euros libremente disponibles sobre una mesa. ¿Puede la humanidad hacerlo mejor? Para los amantes de la tecnología, no debería haber ningún problema. Después de todo, la tecnología nos permite correr, nadar y volar más rápido y más lejos que cualquier otro ser vivo de la Tierra. También recolectamos más alimentos que cualquier otro animal. Eso les hace pensar que podemos hacerlo mucho mejor que la naturaleza. Yo no estaría tan seguro. En este capítulo, empezaremos a ver por qué capturar energía solar no es tan fácil. Antes de seguir avanzando, veremos primero por qué es importante la energía, qué es la energía y una de sus propiedades fundamentales: la energía no se puede crear, solo transformar.

¿POR QUÉ NECESITAMOS ENERGÍA?

Hace muchos años vi un documental sobre unas jóvenes subsaharianas cuyo trabajo era obtener agua. El documental estaba filmado en un pequeño pueblo enclavado en el corazón rural de Senegal, cerca del río Doué. La historia trataba de una joven llamada Awa. Todas las mañanas, al amanecer, la joven se levantaba y, antes del desayuno, su tarea era traer agua para la familia. Aquella semana, había un sentir especial en el ambiente, ya que la aldea se estaba preparando para el festival anual de la cosecha. Awa se puso el pañuelo en la cabeza, cogió un gran bidón vacío de plástico y se dirigió al pozo.

Como era la estación seca, el pozo más cercano a su casa de adobe ya estaba seco. El siguiente más próximo, estaba a una hora de camino. Cuando llegó, un grupo de mujeres y niñas estaban reunidas esperando su turno. En las zonas rurales de Senegal, las niñas (a diferencia de los niños) no pueden ir a la escuela porque es responsabilidad de las mujeres el ir a buscar agua. Las niñas pasan entre 6 y 7 horas diariamente ayudando a sus madres con esta tarea. Se ven obligadas a caminar una media de 5 kilómetros de ida y vuelta, dos veces al día, con un bidón de agua de 20 litros. Para ellas, esta sencilla tarea tiene prioridad sobre la educación y las atrapa en un ciclo interminable de pobreza.

De camino de vuelta, cuando ya casi estaba en casa, un niño en bicicleta camino del colegio la golpeó, el bidón se le cayó, el tapón se soltó y la mitad del agua se derramó por el suelo. Awa tenía que volver al pozo.

Para el mundo rico, es difícil valorar lo útil que es una bomba de agua. El agua corriente es un producto básico al que todos, ricos y pobres, tienen acceso. Una bomba de agua, este sencillo dispositivo, barato y abundante en el mundo próspero, puede ser un lujo en algunos lugares. No podemos subestimar el trabajo que nos evita una bomba y el lujo que supone para muchos un grifo de agua corriente. Una ducha típica requiere unos 40 litros de agua. Un día, intente acarrear un bidón con 40 litros de agua durante 500 metros. Una vez hecho, súbalo varios pisos, como si viviera en un edificio de apartamentos. El trabajo necesario para llevar a cabo esta sencilla tarea es agotador. Ese es el trabajo de Awa.

La energía produce trabajo, y ese es su atributo fundamental. Esto en verdad explica cómo millones de personas han escapado de la pobreza y la miseria en tiempos recientes. Hace mil años, solamente los emperadores, reyes u otros poderosos miembros de la aristocracia podían permitirse el lujo de tener gente trabajando para ellos a tiempo completo. Cocineros, camareros, ayudantes, mozos de cuadra, pajes, sastres, herreros eran miembros del servicio doméstico cuyo trabajo era evitar las tareas manuales diarias a los muy ricos. Acarreaban leña a sus chimeneas, labraban sus campos o recogían agua del río y la llevaban al comedor. Hoy, en las sociedades ricas, incluso las familias más modestas disfrutan de un hogar con calefacción, una lavadora, una comida caliente y agua potable en el grifo durante todo el año.

En el mundo desarrollado, casi nadie realiza labores manuales que requieran esfuerzo y el uso de animales domésticos para realizar tareas ha desaparecido. El trabajo mecánico ha sido reemplazado por máquinas que funcionan con combustibles fósiles o con motores eléctricos. En el mundo profesional, la lista de dispositivos que funcionan con combustibles es interminable: excavadoras, grúas, camiones, tractores, carretillas elevadoras. Además, la versatilidad de la electricidad ha permitido la existencia de cientos de dispositivos que nos facilitan la vida en cualquier hogar moderno: lavavajillas, aspiradoras, secadoras, aires acondicionados, bombas de calor, bombas de agua, cuchillos eléctricos, batidoras eléctricas...

En el mundo desarrollado, casi nadie realiza labores manuales que requieran esfuerzo y el uso de animales domésticos para realizar tareas ha desaparecido.

La gente es plenamente consciente del impacto energético en el transporte, la mecanización del trabajo y los sistemas de climatización en sus hogares. Sin embargo, pocas personas saben que la principal contribución a la humanidad de la energía es el aumento a gran escala de la producción de alimentos de la actualidad. Esto es así, especialmente en los últimos 50 a 70 años. Tractores, cosechadoras, camiones, secadoras, ninguno de ellos funcionaría sin energía. Esta también alimenta las bombas de riego que garantizan una cantidad adecuada de agua en todo momento o condición climática. Sin embargo, el verdadero impacto de los combustibles fósiles es la generación de nutrientes esenciales como nitrógeno, fosfato y potasio, así como fungicidas, herbicidas y controladores de plagas en los cultivos. Sin ellos, la agricultura moderna no existiría. Cultivar y distribuir alimentos para más de ocho millardos de personas no sería posible sin la ayuda de la energía descubierta no hace mucho tiempo. La humanidad, en el pasado, siempre sufrió para conseguir suficiente comida. Hoy ya no es así. En las sociedades ricas, la gente se puede preocupar por hacer dieta o consumir alimentos orgánicos, pero el hambre ya no es motivo de inquietud.

Por último, el trabajo producido por la energía también permite a las personas viajar, divertirse y llevar una vida muy confortable. La gente vuela a destinos exóticos, se da una vuelta en hidrodeslizador por las marismas de Florida o simplemente ve la televisión en un apartamento con aire acondicionado mientras hace 40 grados centígrados al exterior.

Desde la invención de la máquina de vapor, hemos multiplicado el uso de la energía en todo tipo de aplicaciones. La energía nos calienta en invierno y nos refresca en verano. La energía nos trae agua a casa, nos proporciona alimentos, los preserva y los cocina. La energía nos viste, nos asea, nos alumbra y nos transporta rápido y lejos. La energía es la base de la información, el conocimiento y las comunicaciones. La energía contribuye a sanar nuestras dolencias y enfermedades. Todas esas comodidades y ventajas se obtienen gracias a la enorme cantidad de trabajo gratuito realizado por una energía fácilmente accesible. Solo en los últimos 100 años, el consumo de energía de la humanidad se ha multiplicado por diez. Y sigue creciendo. La tendencia parece imparable. El amor, la religión o el dinero mueven las almas, la energía es la que mueve el mundo.

¿QUÉ ES LA ENERGÍA?

En física, la energía se define como la capacidad o habilidad para realizar trabajo. El concepto de energía fue reconocido y descrito por los primeros científicos, aunque el término «energía» puede no haber sido utilizado en el mismo sentido. Una de las primeras formulaciones del concepto de energía se remonta a la antigua Grecia. El filósofo Aristóteles (384-322 a. C.) discutió la idea de «energeia» y la relacionó con la idea de que los objetos tienen la capacidad de producir cambios o efectos.

En el siglo XVII, durante la Revolución Científica, hubo avances significativos en la física y cómo la energía influye en los fenómenos naturales. En aquella época se hicieron grandes contribuciones a la noción de energía mecánica y su relación con el movimiento y la fuerza. El término «energía» en sí no fue comúnmente utilizado hasta el siglo XIX, cuando los científicos comenzaron a desarrollar el concepto moderno de energía y su capacidad para producir trabajo.

En realidad, incluso hoy en día, nadie sabe realmente cómo definir la energía correctamente. No es algo tangible, es un concepto y no sabemos realmente qué es. Para empezar, porque hay muchos tipos de energía. Sabemos que todas tienen la misma capacidad de generar trabajo y las metemos en el mismo saco porque todas siguen las leyes de la física, pero en el fondo, son de naturaleza fundamentalmente distinta. Existe la energía nuclear, la energía química, la energía electromagnética, la energía térmica, la energía gravitatoria, la energía cinética, la energía potencial...

Una cosa más. Hay cierta confusión con respecto a lo que significa energía solar. En este libro nos referiremos a energía solar como cualquier forma de energía que se origina a partir de la radiación del Sol, ya sea directa o indirectamente. La energía solar directa capta la radiación del Sol a través de tecnologías como paneles fotovoltaicos o colectores solares térmicos. Estos captan la energía del Sol directamente de la luz. La energía solar indirecta capta la energía del Sol indirectamente. En este caso, la energía del Sol se convierte primero en otro tipo de energía y luego se captura con aerogeneradores o turbinas hidroeléctricas para producir electricidad, o bien a través de cultivos para producir biocombustibles. A todas ellas las denominaremos energía solar porque, en última instancia, todas tienen como origen el Sol.

TRANSFORMACIÓN ENERGÉTICA

El niño que domó el viento es un libro coescrito por William Kamkwamba y Bryan Mealer. Kamkwamba, uno de los autores, era un niño que vivía en un pequeño pueblo de Malawi. El pueblo, como muchos otros en África, dependía en gran medida de la agricultura para sobrevivir. Un año, una grave sequía azotó el país, las cosechas se arruinaron y los habitantes del pueblo sufrieron una hambruna devastadora.

La familia de Kamkwamba no podía pagar sus estudios, por lo que tuvo que abandonar la escuela. El chico pasaba los días en la biblioteca de la escuela leyendo libros de texto de ciencias. Un día, se topó con un libro titulado *Usando la energía*, que despertó su interés por la energía eólica. Mientras tanto, su padre se desesperaba por el futuro. Las provisiones de alimentos se acababan y las cosechas no crecían debido a la pertinaz sequía.

Kamkwamba decidió construir un molino de viento para bombear agua de un pozo y regar los campos. Sin dinero, recorriendo vertederos en busca de materiales, estaba decidido a construir su molino de viento a pesar del escepticismo de los aldeanos y la desaprobación inicial de su padre. Finalmente, tras muchas pruebas de ensayo y error, el molino de viento estaba listo. Cuando las aspas comenzaron a girar con el viento, estas alimentaban una pequeña dinamo que generaba electricidad. Esta electricidad la utilizaba para bombear agua desde un pozo a un depósito elevado de agua, y desde allí, cuando hiciera falta, se regarían los campos. Por primera vez, su aldea tenía una fuente segura de agua.

Un asunto importante que hay que dejar claro —de una vez por todas— es que no se puede generar energía, solo se puede transformar de un tipo a otro. Como el molino de viento de Kamkwamba. El colosal flujo de energía que llega a la Tierra cada segundo se transforma —a través de complejos procesos— en energía eólica, térmica, química, mecánica, acústica, cinética e incluso luminosa a través de animales fluorescentes. La energía nunca se genera.

Tampoco se generan combustibles fósiles. Estos son cantidades ingentes de energía solar que se almacenaron bajo tierra en otra época. Grandes cantidades de fitoplancton, zooplancton y plantas terrestres, que se originaron a partir de la radiación solar, murieron, se depositaron y fueron aplastadas bajo capas de material inorgánico.

La transformación de energía tuvo un rendimiento paupérrimo, pero como la acumulación se produjo durante millones de años, este proceso dio lugar a la formación de enormes cantidades de energía química que ahora podemos explotar.

Esto es importante porque algunas personas hablan de generar hidrógeno verde, combustibles de aviación sostenibles o biodiésel, como si estuvieran fabricando un lavavajillas. Piensan que se puede hacer a partir de materias primas. Esta gente piensa que, si se necesita más energía limpia, simplemente hay que esforzarse un poco más y se encontrarán las materias primas necesarias. Esto no ocurre con la energía. La energía únicamente se puede «fabricar» con energía.

El banco central de la energía solar es el Sol, y no podemos controlar cuánta energía emite. La máxima energía que podemos capturar es de 1640 kW·h por metro cuadrado, ni un solo kW·h más.

Lo que estas personas tratan de decir es que la energía original se transforma en nuevos tipos de energía. No hay creación, solo transformación. Por eso, en este libro nos referiremos a la captura de energía de fuentes renovables. Una vez capturada, la energía solar puede transformarse posteriormente en el tipo de energía adecuado para su uso final, pero la fuente no puede ser otra que el Sol.

Por ejemplo, imaginemos que queremos utilizar la energía solar para regar un huerto como Kamkwamba. Los rayos incidentes del sol provocan un calentamiento desigual de la superficie de la Tierra, esta energía térmica mueve el aire y crea el viento. El viento es energía mecánica. Un molino de viento puede capturar esta energía eólica, donde las aspas giratorias la convierten en otro tipo de energía mecánica: el eje giratorio del mecanismo. El eje, conectado mediante una serie de engranajes a una dinamo, continúa la conversión de energía mecánica en energía eléctrica. Finalmente, esta electricidad alimenta una bomba de agua. La bomba, que utiliza una tecnología similar a la de la dinamo, convierte la electricidad en un movimiento giratorio de sus palas. Este movimiento vuelve a ser energía mecánica. Esta energía mecánica empuja el agua hasta un depósito elevado para su almacenamiento, en donde se transforma en energía potencial gravitatoria. Una vez allí, con solo abrir el grifo, el agua fluye hacia los campos aprovechando la gravedad. En ningún momento se ha creado energía, solo se ha capturado la energía de la luz solar y se ha transformado en diferentes tipos de energía hasta su consumo final.

En este libro, en particular en este capítulo, comparamos a menudo energía con dinero. Esto es así porque dinero y energía tienen muchas similitudes; la más importante: con ambos se puede conseguir muchas cosas. Sin embargo, existe una gran diferencia. La energía no se puede crear, solo transformar. Si la economía crece, los bancos centrales pueden emitir más dinero. Esto no sucede con la energía solar. El banco central de la energía solar es el Sol, y no podemos controlar cuánta energía emite. La máxima energía que podemos capturar es de 1640 kW·h por metro cuadrado, ni un solo kW·h más. Eso es lo que produce el Sol cada año. No hay otra posibilidad a menos que optemos por la energía nuclear, pero esa es harina de otro costal. Hablaremos más de ello en el capítulo 10.

TRANSICIÓN COMPLETA HACIA LA ENERGÍA SOLAR

Hasta ahora hemos visto que la energía es un concepto científico enrevesado. Incluso los científicos tienen dificultades para definirlo. El atributo fundamental de la energía es que puede producir trabajo. También hemos visto que el increíble aumento de nuestro nivel de vida se debe a nuestra capacidad de aprovechar y explotar energía de forma intensiva. Las máquinas trabajan por nosotros. Esa es la razón por la que el consumo de energía de la humanidad no ha cesado de crecer. Más aún, como cada vez más personas están saliendo de la pobreza en el mundo, a corto plazo, lo normal es que esta tendencia creciente del consumo energético continúe. También hemos visto que la cantidad de energía solar, aunque enorme, es limitada.

¿Es posible hacer una transición completa hacia la energía solar? Como explicamos al principio de este capítulo, capturar energía solar es complicado y en los siguientes apartados veremos por qué. Básicamente hay tres motivos. En primer lugar, la calidad de la energía solar no es la mejor. Como mucho, podríamos calificarla de calidad media. Eso dificulta las posibilidades de extraer trabajo útil de ella. En segundo lugar, como consecuencia de ello, es de esperar pérdidas de energía importantes. La transformación de energía de calidad media y baja densidad para adaptarla a nuestro estilo de vida —que requiere un alto consumo energético— genera pérdidas. Pérdidas en forma de calor residual. Es la inevitable Ley del Incremento de los Residuos. Finalmente, nuestros sistemas de captura de energía limpia (fotovoltaica, aerogeneradores e hidroeléctrica) generan electricidad, pero, a diferencia de los combustibles fósiles, la electricidad no se almacena fácilmente. Esto es un gran problema. Más adelante veremos por qué es fundamental almacenar energía. Empecemos por el primer motivo.

CALIDAD DE LA ENERGÍA

La hiperinflación en Venezuela es una crisis que comenzó a mediados de la década de 2010. Debido a la caída de los precios mundiales del petróleo —la economía de Venezuela depende en gran medida de las exportaciones de petróleo— y a unas políticas económicas de un gobierno irresponsable —incluida la emisión excesiva de dinero—, los precios de los bienes y servicios se dispararon. El bolívar venezolano perdió su valor drásticamente, lo que llevó varias veces a la emisión de moneda con nuevas denominaciones. Con cada emisión, la nueva moneda reemplazaba a la anterior eliminando varios ceros. Durante el peor momento de la crisis, los venezolanos se veían obligados a adoptar diversos métodos para manipular y transportar una moneda cada vez más voluminosa e inútil.

A menudo, la gente recurría a llevar dinero en grandes sacos, mochilas u otros tipos de bolsas. No era raro ver gente utilizando sacos o bolsas de plástico llenos de billetes de bolívares. Para manipular grandes cantidades de efectivo, se ataban los billetes en fajos con bandas elásticas o cordeles. Comerciantes y clientes intercambiaban fajos en lugar de contar los billetes individualmente. En casos extremos, algunas personas usaban carretillas o carretas para transportar grandes cantidades de efectivo. Los tipos de cambio exactos fluctuaron considerablemente debido a la hiperinflación, pero con el tiempo, un dólar estadounidense llegó a equivaler a un millón de bolívares. El pueblo no tenía mucha comida en la mesa, pero tenía millones de billetes acumulados en sus casas. Venezuela era un país de indigentes millonarios.

La calidad es tan importante como la cantidad cuando se trata de moneda. Lo mismo ocurre con la energía. Hay una razón fundamental por la que el 80 % de la energía del mundo proviene de combustibles fósiles: su excelente calidad. La calidad de los combustibles fósiles es excelente debido a que son fáciles de almacenar, fáciles de manipular y fáciles de transportar. Más aún, son seguros, versátiles y, sobre todo, de alta intensidad. En otras palabras, se puede extraer mucho trabajo útil con muy poco peso y ocupando poco espacio. Es difícil de superar. Puede que no sean limpios ni renovables, pero ninguna otra fuente de energía puede igualar a los combustibles fósiles, especialmente para mantener el alto consumo energético de nuestro estilo de vida moderno.

Aunque las mareas almacenan enormes cantidades de energía limpia y renovable, no espere que se extraiga mucha energía de ellas. Lo mismo podría decirse de la energía almacenada en las olas del océano.

La calidad de la energía es, lamentablemente, un concepto poco conocido fuera de la comunidad científica. La calidad de la energía encarna la idoneidad, concentración, disponibilidad y convertibilidad de la energía para realizar trabajo útil y satisfacer las necesidades sociales. La calidad de la energía es fundamental en el estudio de los sistemas energéticos. Al final, no solo cuenta la cantidad de energía disponible, sino también la capacidad de esta energía para generar trabajo. Eso es lo que define su calidad. Muy similar a lo que ocurre con la moneda. No es la cantidad de billetes lo que cuenta, sino también su capacidad para comprar bienes y servicios.

El calor se considera una forma de energía de baja calidad, y el calor a baja temperatura puede ser totalmente inútil, independientemente de la cantidad de energía acumulada. Los océanos contienen una inmensa cantidad de calor, pero es inútil. Si pudiéramos extraer calor de los océanos, reduciendo su temperatura en solo 1 grado centígrado, equivaldría a la energía recibida del Sol en un año. Esta inmensa cantidad de energía podría sustentar a la humanidad durante más de 8000 años. Pero ¡vaya!, esto no es posible. La extracción de calor de los océanos y su aplicación a un motor térmico para producir trabajo útil es inviable. Los motores térmicos en la vida real solo funcionan de manera efectiva cuando hay una diferencia de temperatura mínima de alrededor de 50 °C entre la fuente de calor (el océano) y el sumidero de calor (el medio ambiente). Es obvio que muy raramente, o nunca, hay una diferencia de 50 °C entre el océano y la atmósfera. Como consecuencia, la energía térmica almacenada en los océanos nos es, en la práctica, totalmente inútil.

Más aún, las mareas almacenan una enorme cantidad de energía, pero apenas podemos aprovecharla. Se calcula que la energía de las mareas supone alrededor del 17 % del consumo energético total de la humanidad. Por desgracia, la mayor parte se disipa en forma de calor en alta mar antes de llegar a la costa. La captura de la energía que llega a la costa solo es posible en algunas bahías y ensenadas estrechas, y solo donde la amplitud de las mareas es de varios metros. Además, la captura de este tipo de energía requiere una enorme inversión inicial en infraestructura y costes de mantenimiento, ya que el entorno marítimo de agua salada es muy corrosivo. Por todo ello, aunque las mareas almacenan enormes cantidades de energía limpia y renovable, no espere que se extraiga mucha energía de ellas. Lo mismo podría decirse de la energía almacenada en las olas del océano.

¿Qué está ocurriendo? Dada una determinada cantidad de energía, existe una clasificación en cuanto a la calidad de la energía. La calidad de la energía se refiere a la capacidad de un tipo particular de energía en convertirse en trabajo útil u otras formas de energía. Todo proceso se ve afectado por la Ley del Incremento de los Residuos, pero la magnitud del residuo depende del tipo de energía inicial. En este sentido, la Ley del Incremento de los Residuos no es muy igualitaria, ya que trata a los diferentes tipos de energía de forma diferente. La energía mecánica y la electricidad son las mejores, ya que se convierten de forma fácil y eficiente en trabajo u otros tipos de energía. El calor a alta temperatura viene a continuación y el calor a baja temperatura es la peor. La energía renovable se considera energía de calidad media. Todas ellas pueden representar la misma cantidad exacta de energía, pero el trabajo que podemos extraer de cada una de ellas es diferente. En pocas palabras, a medida que disminuye la calidad de la energía, disminuye la cantidad de trabajo extraíble.

¿Por qué la energía renovable es de calidad media? Daré un ejemplo. Las células fotovoltaicas convierten la energía de la luz solar en electricidad; sin embargo, su eficiencia de conversión es baja. Los paneles fotovoltaicos comerciales convierten solo el 20 % de la energía solar incidente en electricidad. El otro 80 % de la energía solar incidente se refleja o se pierde como calor residual. No parece muy impresionante. ¡Y todavía no la hemos convertido en trabajo útil! Si la energía solar estuviera muy concentrada, como ocurre con los combustibles fósiles, esta eficiencia no sería tan mala. Desafortunadamente, la energía solar está muy dispersa sobre la superficie del planeta. Por eso su calidad energética se considera media. Por ejemplo, para el transporte marítimo, después de capturar la energía solar, habría que concentrarla, transportarla y almacenarla en la bodega del barco. Como veremos más adelante, este proceso es muy ineficiente. La mayoría se perdería.

Si pudiéramos comparar los diferentes tipos de energía con las monedas internacionales, la electricidad o la energía mecánica son como el dólar estadounidense o el euro, fácilmente convertibles. El calor a baja temperatura es como el bolívar venezolano, prácticamente inútil. La energía renovable (solar o geotérmica) es como la moneda de una economía en desarrollo de tamaño medio. Es convertible, pero tenga cuidado, no en cualquier oficina de cambio.

PÉRDIDAS DE ENERGÍA

Probablemente haya escuchado muchas veces el argumento de que, en una sola hora, la Tierra recibe suficiente energía del Sol como para satisfacer todas las necesidades de la humanidad. En este libro, sostengo que, a pesar de esta enorme cantidad de energía, la humanidad no puede vivir únicamente con las energías renovables. ¿Por qué? Una de las razones es la Ley del Incremento de los Residuos. Una historia de mi juventud ayuda a explicar cómo esta ley malogra la energía solar incidente.

Cuando era estudiante, atravesé Europa en coche con un amigo, desde España hasta Finlandia. En aquella época no teníamos el euro como moneda común y había que cambiar de moneda cada vez que se atravesaba una frontera. Como éramos estudiantes, nuestro presupuesto estaba muy ajustado y teníamos contado hasta el último céntimo. Cualquiera que haya viajado al extranjero ha experimentado la pérdida de dinero al cambiar de moneda de un país a otro. Las oficinas de cambio de divisas y los bancos suelen cobrar entre un 2 y un 3 % por cada transacción. Esto ocurría en Europa antes de la adopción del euro. En aquella época, las personas que viajaban por la Unión tenían que convertir su moneda original a liras italianas, pesetas españolas, marcos alemanes, francos franceses, etc. En cada visita a la oficina de cambio, se perdía algo de dinero en comisiones o tasas. Como resultado, una persona que atravesaba todos los países europeos podía ver su bolsa de viaje reducida a la mitad —solo en comisiones— al final del itinerario. Esto fue lo que nos pasó.

Algo similar ocurre con la energía. La energía tiene que ser extraída, convertida, transmitida, distribuida y finalmente utilizada por el usuario final. En cada etapa se aplica la Ley del Incremento de los Residuos y, como consecuencia, este residuo se materializa en forma de calor residual. Los científicos e ingenieros contabilizan este residuo con un coeficiente de pérdida. La transmisión y distribución de electricidad suelen tener pérdidas bajas, alrededor del 5 % en forma de calor. Por otro lado, procesos como la conversión fotovoltaica son altamente ineficientes; como acabamos de ver, las pérdidas rondan el 80 %. En definitiva, las pérdidas causadas por la Ley del Incremento de los Residuos son comparables a las tasas de transacción de divisas. Es una tasa o pérdida que hay que pagar.

La captura de energía solar para bombear agua con un molino de viento para riego es muy ineficiente. Esto es así porque la energía solar original debe convertirse en diferentes formas de energía varias veces antes de poder bombear agua. En cada paso del proceso, se pierde parte de la energía original. Para empezar, solo una pequeña fracción de la energía solar genera viento, y la mayor parte de este viento se disipa en la atmósfera o la tierra antes de que se pueda extraer energía. En la práctica, la mayor parte de la energía solar original se pierde y solo una pequeña parte de la energía eólica puede capturarse mediante aerogeneradores. Además, como acabamos de ver en una sección anterior, una vez que el molino capta la energía eólica, esta energía se transforma en diversas formas de energía hasta que la energía mecánica de las palas del motor eléctrico finalmente bombea el agua. La Ley del Incremento de los Residuos es implacable. Al final, casi toda la energía de la radiación solar original se pierde en forma de calor residual, dejando solamente una pequeña fracción para bombear agua hasta el depósito de almacenamiento. Por eso es tan difícil aprovechar la energía solar para satisfacer nuestra demanda energética.

Normalmente, el proceso de captura de energía, de cualquier tipo, no es directo. Son necesarias muchas etapas intermedias. Como resultado, la calidad de la energía en el punto de partida de la captura es un factor clave. En cada etapa, se perderá algo de energía y, cuanto mejor sea su calidad inicial, más posibilidades tendremos de extraer trabajo útil. Los combustibles fósiles que se encuentran en la natura-

Solo una pequeña fracción de la energía solar genera viento, y la mayor parte de este viento se disipa en la atmósfera o la tierra antes de que se pueda extraer energía

leza son una forma de energía de muy alta calidad. Su densidad energética es enorme. Por lo tanto, después de todos los procesos necesarios para convertir los combustibles fósiles en trabajo, desde la extracción de petróleo, el refinado, el transporte, la distribución y la conversión final, estos generan una gran cantidad de trabajo útil. No se puede decir lo mismo de algunos tipos de energía térmica, como la que se almacena en los océanos. Como ya hemos visto, de esta, no se puede extraer ningún trabajo.

Lamentablemente, a pesar de su abundancia, la energía solar no es muy efectiva generando trabajo útil. Existen principalmente dos razones. En primer lugar, la conversión de la energía solar en una forma de energía utilizable es muy ineficiente. La mayor parte de la energía original se pierde en forma de calor residual. En segundo lugar, la energía solar está finamente dispersa sobre la superficie del planeta. Tras su captura, se necesita concentrarla, transportarla y distribuirla para el transporte, hogares e industrias. Por lo tanto, la energía solar debe pasar por múltiples procesos intermedios para ser utilizada. En cada paso, se pierde parte de la energía en forma de calor residual. Es la Ley del Incremento de los Residuos.

En 1789, Benjamin Franklin escribió una carta en la que afirmaba: «en este mundo, nada es seguro, excepto la muerte y los impuestos». Yo añadiría a la lista las pérdidas de energía —o el calor residual—. Las pérdidas de energía son cuantiosas e inevitables, muy parecidas a los impuestos. Una de mis hijas consiguió recientemente su primer trabajo. El puesto de trabajo está en Nueva York y alquilar un apartamento en la ciudad no es nada barato. Se puso muy contenta cuando recibió la oferta con su salario y rápidamente se puso a buscar apartamentos en las zonas elegantes y modernas de Manhattan. Su felicidad no duró mucho. En poco tiempo descubrió la diferencia entre salario bruto y salario neto. El salario bruto se refiere a la cantidad total de dinero que gana un empleado. El salario neto es la cantidad de dinero que un empleado recibe realmente en su cuenta corriente después de realizar todas las deducciones. Las deducciones suelen incluir el impuesto sobre la renta, la seguridad social, el seguro médico, las contribuciones a las pensiones y otras tasas. Lógicamente, el salario neto es bastante menor que el salario bruto.

La energía pasa por un proceso similar. Existe una diferencia entre la energía primaria y la energía del usuario final. La energía primaria es como el salario bruto, la energía antes de las deducciones. Es la energía que se encuentra en la naturaleza y que no ha sido sometida a ningún proceso de conversión o transformación. Esta energía existe en su forma natural antes de ser convertida en otras formas para el uso humano. Ejemplos de fuentes de energía primaria incluyen los combustibles fósiles, la energía solar, la energía nuclear, la energía mareomotriz y la geotérmica. Las fuentes de energía primaria generalmente se extraen o capturan del medio ambiente y luego se convierten en formas de energía secundaria para el consumo por los usuarios finales.

Por otro lado, la energía del usuario final es la energía después de las deducciones. Es el equivalente al salario neto. También se conoce como energía final o energía útil. Las compañías eléctricas distribuyen esta energía a los usuarios finales, quienes la consumen para diversos fines, como calefacción, refrigeración, transporte, iluminación y procesos industriales. La energía del usuario final se deriva de fuentes de energía primaria a través de varios procesos de conversión. Algunos ejemplos de energía del usuario final son la electricidad suministrada a hogares y empresas, la gasolina en las estaciones de servicio, el gas natural utilizado para calefacción o fogones y los combustibles de biomasa.

Existe una gran diferencia entre la energía primaria y la energía del usuario final. Es una consecuencia de la Ley del Incremento de los Residuos. Se pierde mucha energía durante su manipulación hasta el consumo final. Un hogar medio estadounidense consume unos 900 kW·h de electricidad al mes[4.1]. Esto es lo que muestra una factura típica media. Pocas personas saben que se pierden 1600 kW·h adicionales de electricidad (casi el doble) como calor residual en la generación, transporte y distribución antes de llegar al enchufe doméstico. La diferencia es enorme. ¡Imagínese que el gobierno se quedara con dos tercios de sus ingresos! Afortunadamente para mi hija, los impuestos y las deducciones en Nueva York no son tan terribles.

Es importante hacer esta diferenciación, ya que muchas personas no familiarizadas con el tema tienden a confundirlas. Cuando la gente piensa en necesidades energéticas, piensa en la energía que consume como usuario final. No se detiene a pensar en toda la energía que se ha perdido —la mayor parte como calor residual— durante los procesos de transformación antes de llegar a sus hogares. Esto se debe a la Ley del Incremento de los Residuos. Cualquier proceso, repito de nuevo, genera residuos.

ALMACENANDO ENERGÍA SOLAR

El mar de los Sargazos es una región excepcional del océano Atlántico Norte que se distingue por sus aguas tranquilas, algas flotantes y falta de viento, lo que dificultaba la navegación. Esto dio lugar a numerosas historias de barcos varados en la zona durante largos períodos. Durante la Era de los Descubrimientos, los primeros navegantes temían a esta región. En aquellos días, los veleros dependían exclusivamente de los vientos —energía eólica— para navegar por los océanos. En los viajes entre Europa y el Nuevo Mundo, si los veleros navegaban en la dirección incorrecta, podían acabar en el Mar de los Sargazos. Esta posibilidad aterrorizaba a los marineros. La falta de viento impedía a los barcos desplazarse, apresándolos en el mismo sitio. Las densas capas de algas sargazo no se enredaban e inmovilizaban al barco, pero sí aumentaban el temor de quedarse atrapado en medio de la nada. A medida que pasaban los días con poco viento, las tripulaciones corrían el riesgo de agotar sus provisiones y tenían que racionar la comida y el agua, lo que provocaba unas terribles condiciones a bordo. Los registros navales de la época de diferentes barcos detallan el miedo y la frustración de las tripulaciones cuando se encontraban en medio del Mar de los Sargazos. Con el tiempo, la mayoría conseguía una pequeña brisa que les permitía escapar de la zona de calma, pero algunos no tuvieron tanta suerte y nunca escaparon. Hasta la llegada de los barcos a motor, la reputación de esta zona en la historia de la navegación fue la de un lugar en el que los barcos podían quedarse atrapados por los caprichos de los vientos. En la antigüedad, la energía eólica no se podía almacenar en la bodega como se hace hoy en día con el combustible para barcos.

Esta es otra razón por la que la energía solar es difícil de aprovechar. La energía solar, a diferencia de los combustibles fósiles, no se puede almacenar. Sin embargo, nuestra sociedad necesita tener un sistema para almacenar energía. Para empezar, porque el almacenamiento de energía es fundamental para aumentar la seguridad energética. Hoy en día, los gobiernos almacenan barriles de petróleo para proteger la seguridad nacional durante una crisis energética. Estas reservas se pueden utilizar en caso de interrupciones del suministro de energía. Por lo tanto, si queremos pasarnos a las renovables, se necesita un sistema de almacenamiento para asegurar unas reservas estratégicas de energía solar. La disponibilidad permanente del Sol no garantiza la ausencia de interrupciones en la captura y gestión de la energía.

Pero esa no es la única razón. Uno de los grandes problemas de las renovables es que se trata de una fuente de energía intermitente. Los antiguos marineros varados en el Mar de los Sargazos conocían bien el problema. Los parques fotovoltaicos no funcionan por la noche, los parques eólicos dependen del viento y la energía hidroeléctrica está sujeta a sequías. Disponer de un sistema de almacenamiento juega un papel crucial para asegurar la integración de las fuentes intermitentes de energía renovable. Los sistemas de almacenamiento de energía pueden almacenar el exceso de energía y liberarlo cuando la demanda de energía exceda a la oferta. Además, un sistema de almacenamiento ayuda a estabilizar y mejorar la fiabilidad de las redes eléctricas, equilibrando la oferta y la demanda, gestionando las fluctuaciones y proporcionando energía de reserva durante cortes o emergencias.

La única forma de almacenar energía renovable a gran escala, y de satisfacer las enormes necesidades energéticas de ciudades y países, es la energía hidroeléctrica. Esta, por desgracia, depende de la geografía y de las precipitaciones anuales de cada región. Hay regiones, como la provincia de Quebec o países como Noruega o Paraguay, que tienen la capacidad de almacenar energía renovable y utilizarla cuando la necesitan, ya que producen casi toda la electricidad a partir de plantas hidroeléctricas. Estos son casos excepcionales. La mayoría de los países no tienen ni la geografía ni las precipitaciones necesarias para almacenar agua en embalses en grandes cantidades. Las limitaciones de disponibilidad de agua en California o España durante los meses de verano restringen la generación de energía y la hace poco fiable, especialmente durante las sequías. Otra limitación es la geografía. Por ejemplo, la gran llanura europea, que se extiende desde Francia hasta Rusia, es una de las áreas planas más grandes del continente, ideal para la agricultura y el asentamiento humano, pero poco útil para el establecimiento de plantas hidroeléctricas.

Otra forma de almacenar la energía solar es convertirla previamente en electricidad mediante sistemas de captura como paneles fotovoltaicos o aerogeneradores. Si la humanidad pudiera almacenar esta electricidad, la transición a la energía renovable sería más fácil, pero, por desgracia, no es así. La electricidad es un tipo de energía muy versátil, ya que se puede convertir fácilmente en trabajo útil con muy pocas pérdidas. Sin embargo, la electricidad también tiene una gran desventaja: es difícil de almacenar. Es ahí en donde estamos estancados. En nuestra lucha contra las emisiones, el almacenamiento de energía solar es nuestro Minotauro.

En la mitología griega, Teseo se ofrece voluntario para entrar en el laberinto de la isla de Creta y matar al Minotauro, una criatura aterradora que vive en el centro. Teseo debe seguir el camino diseñado para llevar a los intrusos hasta el monstruo. Sin embargo, el laberinto es una maraña increíblemente compleja y encontrar la salida es casi imposible. La princesa Ariadna le enseña a Teseo cómo resolver el problema. La princesa le da un ovillo de hilo y le sugiere que ate uno de sus extremos a la entrada y que lo vaya desenrollando a medida que se adentra en el laberinto. Teseo así lo hace, y después de derrotar al Minotauro, vuelve sobre sus pasos siguiendo el hilo establecido según el plan de Ariadna.

Necesitamos matar al Minotauro del almacenamiento de electricidad. Y necesitamos una Ariadna de nuestro tiempo que nos muestre la salida a nuestro laberinto tecnológico. ¿Cuál es el problema del almacenamiento?

El laberinto es una maraña increíblemente compleja
y encontrar la salida es casi imposible

Hay muchas formas de almacenar electricidad: baterías, embalses de agua, volantes de inercia, supercondensadores... pero ninguna de ellas es buena. Las baterías son el método más conocido y común para almacenar electricidad. Las baterías ofrecen una gran versatilidad, ya que almacenan energía eléctrica en forma de energía química y esta puede fácilmente liberarse posteriormente según sea necesario. Los mayores inconvenientes de las baterías son su precio, su baja densidad energética y su capacidad. El almacenamiento de baterías no es escalable, al menos con la tecnología actual. No vale para proporcionar energía a las ciudades, ni siquiera para los vuelos intercontinentales. Además, tienen otros problemas, como el peso, su corta vida útil, las limitaciones en el suministro de materia prima para su fabricación y las pérdidas durante la carga y descarga.

El almacenamiento de energía en embalses de agua por bombeo es otra opción. El sistema funciona con dos embalses a diferentes niveles. El almacenamiento se logra bombeando cantidades enormes de agua desde el embalse inferior a un embalse elevado, y convirtiendo así la electricidad en energía potencial gravitatoria. Este bombeo se hace normalmente cuando hay un exceso de electricidad procedente de fuentes renovables. Cuando la demanda de electricidad aumenta o la producción con renovables disminuye, el agua se trasvasa al embalse inferior generando electricidad. Actualmente, esta es la única tecnología que nos permite almacenar electricidad a gran escala. Desafortunadamente, la principal limitación de este sistema es de nuevo la geografía y la disponibilidad de agua. Muy pocos rincones de la Tierra pueden soportar este sistema. Además, son muy caros de construir. Para finalizar, como probablemente ya lo habrá supuesto, alrededor del 20 % de la energía se pierde debido a la fricción y otras pérdidas indeseables debido a la Ley del Incremento de los Residuos. Esta ley es implacable. Un último detalle, el almacenamiento de energía en embalses por bombeo es válido para el almacenamiento a gran escala, pero obviamente no vale para sistemas desconectados de la red eléctrica, como los barcos o los aviones.

El resto de los sistemas de almacenamiento de electricidad arriba mencionados tampoco dan mejores resultados. Por una razón u otra, no se pueden implementar a gran escala. Almacenar electricidad es muy difícil. Así pues, aquí es donde estamos atascados. Necesitamos resolver el problema del almacenamiento de electricidad, y lo necesitamos resolver tanto para satisfacer las necesidades energéticas a gran escala de las ciudades como para el almacenamiento de bajo peso y alta intensidad para el transporte. Si algún día encontramos una solución, estaremos más cerca de la sostenibilidad con energía solar.

Hay otra razón para convertir la electricidad en otras formas de energía, y no es una razón menor. Algunos sectores económicos no pueden reemplazar fácilmente a los combustibles fósiles. Los combustibles fósiles sirven de materia prima para producir polímeros, resinas, disolventes y otros materiales sintéticos utilizados en la fabricación. La agricultura depende totalmente del gas natural para fabricar fertilizantes a base de nitrógeno. Sin ellos, la agricultura moderna no sería posible. La industria de la aviación también se enfrenta a importantes desafíos, ya que los combustibles de alta densidad energética son vitales para los vuelos de larga distancia. Se están haciendo esfuerzos para desarrollar combustibles de aviación sostenible, pero la transición hacia el abandono de los combustibles fósiles sigue siendo una tarea formidable. El transporte marítimo se enfrenta a un problema similar. Hasta que no se desarrolle una nueva tecnología, los combustibles líquidos sintéticos son fundamentales para estas industrias.

Sintetizar combustibles líquidos a partir de energía solar es extremadamente difícil e ineficiente. De niño, recuerdo un invierno que fui con un amigo a las montañas nevadas cerca de nuestra casa. Los padres de mi amigo nos alquilaron un trineo de nieve y nos divertimos mucho jugando con él todo el día. Todavía recuerdo la diferencia entre subir y bajar. Subir significaba caminar con dificultad con la nieve hasta las rodillas, arrastrando el trineo detrás de nosotros. La subida era empinada y agotadora. Cuando finalmente llegábamos a la cima, nos deteníamos para recuperar el aliento durante unos segundos. Entonces, mi amigo y yo nos sentamos en el trineo y alguno de los dos decía: ¿Listo? En ese momento, el trineo comenzaba a deslizarse lentamente al principio, pero luego, cada vez más y más rápido, con el viento silbando en nuestros oídos. Nos reíamos y gritábamos mientras íbamos cuesta abajo, sorteando árboles, rocas y baches. De vez en cuando, el trineo chocaba con algún bache demasiado grande y nos hacía rodar sobre la nieve. Aquel día fue increíble.

Quemar combustibles fósiles es como ir cuesta abajo con mi amigo en el trineo de nieve. Fácil, divertido y sin apenas consumo energía. Sintetizar combustibles líquidos a partir de energía solar es como subir la cuesta con el trineo. Duro, doloroso y con un consumo enorme energía. Va en contra de las fuerzas de la naturaleza. Los combustibles líquidos sintéticos se obtienen mediante muchos procesos y, en cada proceso, se pierde energía en forma de calor residual. Mucha energía. Es nuevamente la Ley del Incremento de los Residuos. Sintetizar combustibles líquidos es muy costoso. El elevado coste de los combustibles sintéticos es la principal razón que frena el avance de la transición energética renovable. Lo analizaremos con más detalle en los próximos capítulos.

CONCLUSIÓN

Esto es lo que hemos aprendido hasta ahora. La energía del Sol es enorme, aunque está dispersa sobre la superficie de la Tierra. Las máquinas creadas por el hombre consumen enormes cantidades de energía. Dado que dependemos de tecnologías que consumen mucha energía, la energía renovable de baja densidad (solar y geotérmica) no es lo que nuestro estilo de vida necesita. Además, la energía renovable no es de la mejor calidad; como mucho, se puede clasificar como de calidad media. Por último, la energía solar es intermitente, lo que significa que no podemos depender totalmente de ella. Debe almacenarse para su uso futuro cuando sea necesaria. El almacenamiento de energía solar no es posible, al menos a gran escala. En resumen: la transición a las energías renovables requiere convertir la energía solar intermitente, de baja densidad y calidad media en energía transportable, almacenable y de alta intensidad. La Ley del Incremento de los Residuos no lo pondrá fácil. Las pérdidas pueden ser enormes.

Solo un recordatorio: la naturaleza solo es capaz de recolectar el 0,08 % de la energía solar incidente. Esto equivale a coger solo 800 euros de un millón de euros libremente disponibles en una mesa. La eficiencia de la naturaleza es muy baja. Patética. Algunas personas están convencidas de que nuestra tecnología puede hacerlo mejor. Creen que la transición a la energía renovable aún es posible y sostienen que una tecnología eficiente desempeñará un papel clave en la solución del problema. En el siguiente capítulo, evaluaremos si la eficiencia puede ayudar. ¡Abróchese el cinturón! La conclusión puede no ser la esperada.

5. LA MALDICIÓN DE LA EFICIENCIA

«Es una confusión de ideas suponer que el uso económico del combustible equivale a un consumo disminuido. Lo cierto es todo lo contrario».

William Stanley Jevons, economista

La cuenca Murray-Darling es una enorme región en el interior del sudeste de Australia. Esta zona es crucial para la agricultura australiana, ya que suministra un tercio de los alimentos del país. Debido a que las sequías son un riesgo constante en la región, todos los años, los agricultores deben adaptarse a los caprichos de unas precipitaciones erráticas. Durante años, John era uno de muchos agricultores que se había enfrentado a una severa escasez de agua. En 2015, inspirado por los programas de ayuda del gobierno para la conservación del agua, decidió invertir en tecnologías innovadoras de riego.

John instaló un sistema de riego por goteo de última generación, que prometía reducir las pérdidas de agua al suministrar agua directamente a las raíces de las plantas. La mejora también incluía un sistema de detección de fugas. Las autoridades agrícolas locales le habían asegurado que con esta nueva tecnología se podría reducir el uso de agua hasta en un 30 %. Al inicio, los resultados fueron prometedores. John notó que las plantas crecían fuertes y sanas y podía producir más con menos agua. Alentado por estos éxitos, decidió expandir sus cultivos. John aprovechó el ahorro de agua para regar campos en barbecho debido a la escasez de agua en años anteriores. Además, con el aumento de la eficiencia, ahora podía cultivar plantas más lucrativas, pero que requerían más agua, como el algodón.

El aumento de la explotación de tierras gracias a la irrigación y los nuevos tipos de cultivos había provocado un mayor consumo. Sin embargo, la explotación agrícola era un éxito y los beneficios se habían disparado. John echó un vistazo al contador de agua y sonrió.

Con el tiempo, John se dio cuenta de que, a pesar de la mejora de la eficiencia, el consumo total de agua había aumentado. El aumento de la explotación de tierras gracias a la irrigación y los nuevos tipos de cultivos había provocado un mayor consumo. Sin embargo, la explotación agrícola era un éxito y los beneficios se habían disparado. John echó un vistazo al contador de agua y sonrió. El programa de conservación de agua del gobierno había fracasado. ¿Qué había fallado?

Las mejoras de eficiencia se presentan a menudo como una forma eficaz de reducir el consumo. Estas se mencionan con frecuencia en la lucha contra el cambio climático. Un motor un 5 % más eficiente debe emitir un 5 % menos de emisiones de dióxido de carbono. La lógica parece indiscutible. La eficiencia nos permite hacer más con menos, comprar más y contaminar menos, mejorar nuestra prosperidad económica y reducir nuestro impacto ambiental, todo ello, al mismo tiempo. Todos ganan con la eficiencia energética: políticos, fabricantes y consumidores. Demasiado buena como para ponerla en duda. La tecnología, después de todo, sacó a la humanidad de la miseria y la tecnología nos rescatará de nuevo. Lamentablemente, no es así.

La eficiencia es una maldición para el medio ambiente. Sí, la eficiencia ha aportado muchas ventajas a la humanidad en muchos campos diferentes: transporte, alimentación, vivienda, educación, comunicación, salud... La lista es interminable. Nadie pone en duda sus beneficios. Lo que es cuestionable es que la eficiencia esté ayudando a combatir las emisiones de dióxido de carbono. Los datos históricos demuestran lo contrario. Las mejoras en la eficiencia energética están agravando —y no mitigando— el consumo de combustibles, como ocurrió en Australia tras el plan de ahorro de agua. Paradójicamente, en este país el consumo de agua aumentó tras fuertes inversiones en sistemas más eficientes de riego. Hoy en día, las autoridades locales se centran más en recomprar derechos de agua a los agricultores y menos en la eficiencia. En Australia, los efectos de la Paradoja de Jevons los aprendieron por las malas.

Al principio, el carbón se extraía de afloramientos superficiales o vetas subterráneas poco profundas. A medida que aumentaba la demanda de carbón, la minería a cielo abierto de los yacimientos se agotaba, y los métodos de extracción evolucionaron para obtenerlo de minas subterráneas. La falta de tecnología avanzada hacía que la minería del carbón fuera un trabajo físicamente exigente y a menudo peligroso.

PARADOJA DE JEVONS

En 1865, William Jevons, un economista inglés, escribió su ampliamente reconocido trabajo: *The Coal Question* (*El problema del carbón*). Jevons observó que las innovaciones tecnológicas —mejoras
en la eficiencia energética— estaban llevando a un aumento del consumo de carbón del país, y no a una reducción. Esto es contrario a la
intuición. ¿Cómo es posible?

Desde la antigüedad, la humanidad ha utilizado carbón, ya que
proporciona más calor que la madera o el carbón vegetal. Durante
la Edad Media, la demanda de carbón aumentó debido a la deforestación y el crecimiento demográfico, especialmente en la producción
de hierro y arrabio. Al principio, el carbón se extraía de afloramientos superficiales o vetas subterráneas poco profundas. A medida que
aumentaba la demanda de carbón, la minería a cielo abierto de los
yacimientos se agotaba, y los métodos de extracción evolucionaron
para obtenerlo de minas subterráneas. La falta de tecnología avanzada hacía que la minería del carbón fuera un trabajo físicamente exigente y a menudo peligroso. Los mineros se enfrentaban a peligros
como derrumbes, mala ventilación e inundaciones.

Como se ha visto en un capítulo anterior, las primeras máquinas
de vapor se concibieron para eliminar el agua de las minas inunda-
das. Eran tan extremadamente ineficientes (solo el 1 % de la energía
del carbón se convertía en trabajo) que casi solo se utilizaban en las
minas de carbón, donde el carbón era abundante y estaba fácilmente
disponible. Estos motores primitivos se utilizaron hasta que James
Watt introdujo las mejoras del condensador independiente y el movimiento rotatorio. El motor de Watt aumentó radicalmente la eficiencia, el coste y su aplicabilidad en una amplia gama de usos industriales. A medida que el diseño de la máquina de vapor se fue mejorando
por diferentes ingenieros —mejorando su eficiencia energética—, su
uso empezó a multiplicarse en muchos sectores más allá de la minería del carbón. Inicialmente, se empezaron a utilizar en fábricas, pero
con el tiempo, una vez que los motores se hicieron lo suficientemente
ligeros y eficientes, también en barcos y trenes.

El resultado fue que, cien años después de Watt, el consumo de carbón de Gran Bretaña se había disparado. En aquel momento, el liderazgo industrial de Gran Bretaña era la columna vertebral de su riqueza,
fortaleza y, en última instancia, el Imperio. Los líderes políticos del país

estaban preocupados por el agotamiento de las minas de carbón y abogaban por medidas para preservar las reservas existentes. Una de las soluciones más obvias y populares al problema era aumentar la eficiencia. Era puro sentido común. Si las máquinas de vapor fueran más eficientes, el país utilizaría lógicamente menos carbón y duraría más.

Fue en aquel momento cuando Jevons publicó sus estudios. «Es una confusión de ideas suponer que el uso económico del combustible equivale a un consumo disminuido», escribió. «Lo cierto es todo lo contrario». Según él, una mayor eficiencia, sin ninguna otra restricción, reduce el coste relativo del recurso y, como establece la Ley de la Oferta y la Demanda, aumenta la cantidad demandada. En Economía, esto se llama el Efecto Rebote.

Alguien podría argumentar que la demanda no siempre crece con la eficiencia: una vez que el hambre está saciada, no compramos más pan solo porque este sea más barato. Por lo tanto, las mejoras en la eficiencia de los hornos de panificación pueden reducir el consumo energético, ya que la gente no compra más pan necesariamente, independientemente de lo económico que sea. Como consecuencia, la eficiencia podría generar una caída genuina del consumo de combustible. Argumentos similares podrían hacerse sobre una nevera o el desplazamiento diario al trabajo en un vehículo privado. No refrigeramos más alimentos ni vamos más a trabajar únicamente porque el frigorífico o el coche sean más eficientes energéticamente. Es innegable que, inicialmente, hay un ahorro neto de energía. Pero surge una pregunta: ¿qué pasa con el dinero ahorrado? ¿Qué hizo John con el ahorro de agua en su granja de Australia? Muy simple, la utilizó para cultivar cultivos más lucrativos, pero que requieren más consumo de agua. Algo similar ocurre con el dinero economizado con el ahorro de energía. Es obvio que lo gastamos en algo diferente. En otras palabras, la economía de una panificadora no está aislada del resto y las repercusiones en otros sectores de la economía son inevitables. ¿Cómo afecta este cambio del gasto al consumo energético de toda la economía?

En la década de los 80, los economistas Daniel Khazzoom y Leonard Brookes reevaluaron de manera independiente la Paradoja de Jevons para el consumo de energía en la economía en su conjunto. Su trabajo demostraba que las mejoras en la eficiencia energética aumentan el consumo de energía por tres medios: primero, es el efecto rebote directo: la eficiencia hace que las cosas sean más baratas y, por lo tanto, aumenta la demanda. Segundo, la eficiencia promueve el crecimiento económico, y el crecimiento económico también conduce al crecimiento de la población, especialmente en las sociedades subdesarrolladas, lo que estimula el consumo general de energía. Finalmente, las mejoras en la eficiencia pueden desbloquear cuellos de botella de mercados anteriormente taponados. Por ejemplo, cuando yo era niño, tener un aparato de aire acondicionado en casa era cosa de ricos. Estaba fuera del alcance de la mayoría. De todos mis amigos, solo uno tenía un climatizador en la sala de estar. Mucho ha cambiado desde entonces. El aire acondicionado es hoy mucho más barato gracias a nuevas eficiencias en la fabricación y el funcionamiento. El resultado es que hoy en día los aparatos de aire acondicionado se han convertido en un estándar para la mayoría de los hogares de las regiones prósperas y cálidas del planeta. Más aún, en algunos lugares en donde la electricidad es barata, la gente lo deja encendido 24 horas al día, 7 días de la semana, incluso cuando están fuera de casa.

En otro estudio independiente[5.1], Jeffrey Dahmus y Timothy Gutowsky analizaron 10 industrias diferentes. Según su estudio, los datos históricos muestran que «sobre períodos largos de tiempo, las mejoras incrementales en la eficiencia no han logrado superar los aumentos en la cantidad de bienes y servicios producidos. Por lo tanto, el resultado final en esos períodos de tiempo ha sido, como era de esperar, un aumento considerable en el consumo de recursos energéticos en las diez actividades». En otras palabras, las mejoras en la eficiencia energética debido a la innovación tecnológica, bajo las fuerzas del mercado, no son suficientes para reducir el consumo de energía. En su estudio, también sugieren que las políticas gubernamentales pueden ayudar a reducir el consumo con los incentivos adecuados, como los mandatos de eficiencia o los mecanismos de regulación de precios.

En su ampliamente aclamado libro *Factfullness*, Hans Rosling utiliza evidencia estadística para demostrar la mejora global del desarrollo humano. Utiliza específicamente la evolución de los métodos de transporte para ilustrar las mejoras en las condiciones de vida. Uno de los puntos clave que plantea es la transición —a medida que aumenta la riqueza— de caminar a la bicicleta, luego la motocicleta y, finalmente, el automóvil. A lo largo de las generaciones, más personas pasan de un nivel económico al siguiente. Para Rosling, este cambio es un indicador de crecimiento económico. Pero el crecimiento económico es simplemente el resultado de mayor eficiencia: en la misma cantidad de horas, la gente produce más y, por lo tanto, tiene más.

Rosling no lo menciona, pero una vez que la gente ha alcanzado el nivel económico más alto de la escala, en algún momento, esta se puede permitir volar de vacaciones o ir en un crucero por el Mediterráneo. Y una vez que se gana un buen dinero, la gente vuela a menudo, luego en primera clase y, finalmente, los muy ricos, se compran un jet privado. En última instancia, cuando la gente alcanza el nivel de ingresos de los ultrarricos, se embarcan en un viaje espacial de 10 minutos solo por diversión. Estos viajes al espacio exterior, de un altísimo consumo energético, son solo posible gracias a los recursos generados por un mundo hipereficiente. La eficiencia, sin restricciones, dispara el consumo fuera de control.

Y una vez que se gana un buen dinero, la gente vuela a menudo, luego en primera clase y, finalmente, los muy ricos, se compran un jet privado.

EFICIENCIA EN LA NATURALEZA

En Australia, en 1859, se introdujeron intencionadamente unos conejos salvajes para la caza deportiva. Lo que inicialmente parecía una idea brillante e inofensiva, se convirtió, años después, en una terrible pesadilla. En tan solo 50 años, los conejos se habían extendido por casi todo el continente. Desgraciadamente, esta rápida proliferación tuvo consecuencias desastrosas para la flora y fauna autóctonas de Australia.

Cuando se soltaron los conejos, estos se encontraron con un entorno de abundante comida, buenos escondites y pocos depredadores. En realidad, los conejos estaban mucho mejor adaptados para la supervivencia que las especies nativas y, al ser extremadamente prolíficos, se extendieron rápidamente por grandes áreas del país. Solo siete años después de su introducción, se cazaron 14 000 conejos en la finca Bawron Park. Ochenta años después, los cálculos estimaban una población de unos 600 millones[5.2].

Los conejos son ávidos herbívoros que consumen grandes cantidades de vegetación. Debido a esto, se produjo un sobrepastoreo y, consecuentemente, la destrucción del ecosistema local. A medida que los conejos consumían vorazmente brotes, hierbas, pastos, granos... las plantas nativas sufrían enormes daños, lo que resultó en una degradación del suelo y una pérdida de biodiversidad. Los ecosistemas locales se veían alterados y las especies autóctonas desaparecían debido a la creciente competencia por los recursos. Algunas de ellas estuvieron al borde de la extinción. El impacto económico en la agricultura también fue terrible. Los agricultores se enfrentaban a importantes pérdidas cuando los conejos invadían sus campos de cultivo y tierras de pastoreo. Con el tiempo, los conejos consumían cada vez más recursos energéticos del entorno.

En respuesta a la invasión de conejos, Australia implementó medidas de control biológico, como la introducción de la enfermedad de mixomatosis, o barreras físicas, como la construcción de cercas a prueba de conejos. En toda Australia, se instalaron más de 320 000 kilómetros de cercados antes de que acabara el siglo XIX. A pesar de todos estos esfuerzos, los conejos son aún un problema persistente en muchas partes de Australia y actualmente la población se estima en unos 200 millones[5.3].

La naturaleza recompensa la eficiencia a través de mecanismos como la selección natural y la supervivencia del más apto. Una forma de ser más eficiente es utilizar los recursos disponibles de manera más eficaz, ya sea comida, agua, un refugio o el apareamiento. Los organismos eficientes maximizan su ingesta de energía y minimizan su gasto y, por lo tanto, pueden dedicar más energía al crecimiento, la supervivencia y, en última instancia, la reproducción. El uso eficiente de estos recursos les da una ventaja competitiva sobre sus concurrentes menos eficientes y les permite prosperar en el ecosistema. Consecuentemente, los organismos más eficientes prevalecen.

Por ello, los organismos eficientes, como los conejos australianos, proliferan y, con el tiempo, consumen una mayor parte de los recursos disponibles. Los organismos eficientes pueden minimizar el consumo de energía a nivel individual, pero en su conjunto, el consumo energético aumenta. Después de todo, la Paradoja de Jevons no diferencia entre un humano fortalecido mediante tecnología y un conejo europeo de las praderas de Australia. No se puede evitar que las especies eficientes consuman más y se propaguen por todas partes.

Por ello, los organismos eficientes, como los conejos australianos, proliferan y, con el tiempo, consumen una mayor parte de los recursos disponibles.

EFICIENCIA Y OCÉANOS

En la naturaleza, cuando es fundamental conservar energía, como en las regiones frías, los animales tienden a tener cuerpos grandes y abultados, como las ballenas, las morsas, las orcas y los osos polares. Por otro lado, en las regiones desérticas, donde la conservación del calor no es un problema, los animales tienden a ser más pequeños y delgados, como los lagartos, las serpientes, los escorpiones y los pequeños roedores. Obviamente, hay excepciones a esta regla, pero en este caso, los animales han evolucionado con alguna otra estrategia para conservar o disipar el calor según sea necesario. El cuerpo humano es delgado y esbelto, como un lápiz, y eso hace que nos resulte difícil sobrevivir sin ropa de abrigo y una chimenea en invierno. Estamos mejor adaptados para los días y las noches cálidas del Caribe. La evolución de la complexión y el tamaño corporal de los animales responde a las leyes físicas de transferencia de calor en la naturaleza.

Complexión y tamaño corporal son muy importantes en algunas ramas de la ciencia. El índice de masa corporal (IMC) es ampliamente utilizado por los servicios de atención sanitaria como un método rápido y económico para identificar personas en riesgo de sufrir problemas de salud relacionados con el sobrepeso. Es un valor numérico derivado del peso y la altura de un individuo. Los ingenieros utilizan un índice similar para evaluar la eficiencia en algunos procesos físicos. En ingeniería, se puede demostrar que la relación volumen-superficie es un factor crítico en la transferencia de calor. Los objetos grandes y voluminosos suelen tener una relación volumen-superficie mayor, lo que dificulta que el calor escape. La forma más eficiente de conservar energía es una esfera, y cuanto más grande, mejor, como la ballena azul. Por eso también los bebés se acurrucan en la cuna para conservar el calor.

La hidrodinámica sigue una regla similar. El transporte marítimo de carga beneficia a los barcos voluminosos, ya que son más eficientes en el consumo de combustible. En el transporte marítimo, la energía cinética se disipa principalmente a través de la fricción entre el casco del barco y el agua. Al igual que en el ejemplo de transferencia de calor anterior, la relación volumen-superficie también es un factor crítico. Consecuentemente, los buques de carga grandes son más eficientes que los pequeños en el consumo de combustible por unidad de carga transportada. Este fenómeno explica en parte por qué el transporte marítimo de carga muestra una clara tendencia hacia buques cada vez más grandes a lo largo del tiempo, y especialmente durante los últimos 25 años.

El contenedor marítimo moderno fue creado en 1956 por Malcom McLean, un empresario estadounidense. McLean lanzó el primer servicio de portacontenedores exitoso, utilizando contenedores estandarizados para transportar mercancías entre Nueva Jersey y Texas. Esta innovación reducía significativamente los tiempos de carga y descarga, bajaba los costes de envío y aumentaba la seguridad de la carga. El éxito de McLean condujo a la estandarización de los contenedores en términos de tamaño, resistencia y manejo. Esta estandarización permitía que los contenedores se transfirieran fácilmente entre diferentes modos de transporte, incluidos barcos, camiones y trenes, sin embalaje.

A lo largo de la segunda mitad del siglo xx, el uso de contenedores marítimos estándar se generalizó cada vez más y revolucionó el comercio marítimo mundial al hacerlo más rápido, más seguro y rentable. La evolución del tamaño de estos buques es asombrosa. En 1956, en los inicios, los buques de carga solo podían transportar hasta 800 contenedores. A fines de los años 80, con el desarrollo del Panamax I, estos buques eran ya capaces de transportar alrededor de 6000 contenedores. Con el auge de los cargueros ultra grandes, durante el primer cuarto del siglo xxi, estos monstruos del mar transportan alrededor de 25 000 contenedores[5.4]. Las economías de escala permiten a las compañías navieras transportar más carga a un menor coste por unidad, incluido el ahorro de combustible, lo que conduce a una mayor rentabilidad.

Los cargueros ultra grandes comenzaron a ponerse en servicio a finales de los años 90. Ya durante la década anterior, la eficiencia energética de los barcos había mejorado significativamente. Cuando estos primeros buques entraron en funcionamiento, la eficiencia energética era de unos 20 kilogramos de combustible por contenedor estándar y por milla náutica[5.5]. 25 años después, en 2020, la eficiencia de combustible de los cargueros ultra grandes había bajado a tan solo 10 kilogramos de combustible por contenedor estándar y por milla náutica. Esto es una reducción del 50 % en 25 años. Medido en kilogramo y milla náutica, los barcos son la forma más eficiente de transportar mercancías. Como referencia, los trenes de mercancías pueden consumir cinco veces más, los camiones, cuarenta, y el transporte aéreo, la extraordinaria cantidad de ochocientas veces más que el transporte marítimo. El predominio del transporte marítimo en la globalización del comercio intercontinental no debería sorprendernos. El transporte marítimo es más rentable. Solo las flores perecederas, los medicamentos de emergencia, los diamantes caros y algún que otro extravagante artículo pueden permitirse los costes de transporte aéreo.

Debido a estas mejoras en la eficiencia, lo lógico sería esperar una reducción del consumo de combustible en el transporte marítimo. En réalidad, ha ocurrido lo contrario. Las economías de escala están estimulando la industria del transporte marítimo. Durante los últimos 25 años, el número de buques portacontenedores se ha duplicado y la capacidad media se ha más que triplicado. El resultado es que la capacidad del transporte marítimo de mercancías ha crecido desde 2,5 millones de contenedores estándar en 1996 a más de 20 millones en 2021[5.5]. Las matemáticas no mienten. Las reducciones de consumo de combustible debido a la eficiencia han sido superadas por el simple aumento de capacidad en contenedores. El resultado es que la industria de los buques portacontenedores está consumiendo, en términos absolutos, cuatro veces más combustible que hace 25 años. Es el efecto rebote de la Paradoja de Jevons. Una mayor eficiencia del combustible hace que el transporte marítimo sea más barato, y los precios bajos estimulan la demanda, que necesita más combustible.

EL IMPACTO DE LA EFICIENCIA EN EL TRANSPORTE AÉREO

En mi último año de universidad, un grupo de compañeros decidimos ir a un simposio de ingeniería en Delf (Holanda). El viaje en tren hasta Delf fue una experiencia agotadora de más de 24 horas desde Madrid (España). El viaje incluía, después de una noche movida, mal durmiendo en un asiento, una escala en París en donde tomamos otro tren hasta nuestro destino final. En aquel entonces, volar estaba solo al alcance de la jet-set. El término jet-set se introdujo en la década de los 50 y se refería a una privilegiada élite sin ataduras formada por ricos, famosos y personas de la alta sociedad. A finales de la década de los 80, los simples mortales como yo viajábamos en tren.

Muchos años después, tras una larga jornada en la oficina, y mientras salía por la puerta, tuve una breve conversación con la conserje. La mujer me contaba orgullosa que su marido y ella iban a volar a Viena (Austria), a tres horas de vuelo de distancia. Iban a pasar un fin de semana largo a finales de mes. Pensé en el viaje de mi juventud a París y sonreí. Las aerolíneas de bajo coste —y su eficiencia— estaban cambiando el mundo.

En los últimos 40 años, las emisiones netas generadas por la industria del transporte aéreo se han multiplicado por dos veces y media. Estas han pasado de 400 a 1000 millones de toneladas de dióxido de carbono. ¿Qué ha fallado? Dicho con pocas palabras, vuela más gente y más kilómetros que nunca.

La industria del transporte aéreo es otro buen ejemplo contraintuitivo del impacto de la eficiencia energética en el largo plazo. El transporte aéreo tiene un historial probado de mejoras en la eficiencia. Según la IATA (Asociación Internacional de Transporte Aéreo), la eficiencia en la industria ha mejorado un 100 % en los últimos 40 años[5.6]. En otras palabras, la intensidad energética de la aviación comercial de pasajeros nacional e internacional, medida en litros de combustible por kilómetro-pasajero, se ha dividido por dos. Aunque cada vez es más difícil, todavía la industria sigue logrando mejorar la eficiencia en el consumo. Hoy día, los nuevos aviones son un 20 % más eficientes que los viejos modelos a los que están reemplazando. La lógica sigue diciendo que las emisiones de dióxido de carbono también deberían haber disminuido.

Curiosamente, ocurre lo contrario. Según Our World in Data[5.7], en los últimos 40 años, las emisiones netas generadas por la industria del transporte aéreo se han multiplicado por dos veces y media. Estas han pasado de 400 a 1000 millones de toneladas de dióxido de carbono. ¿Qué ha fallado? Dicho con pocas palabras, vuela más gente y más kilómetros que nunca. Según la Agencia Internacional de la Energía[5.8], durante el mismo período, el número de pasajeros-kilómetro se ha multiplicado por cinco. Se trata de nuevo del efecto rebote de la Paradoja de Jevons. El mundo ha cambiado mucho desde mis tiempos universitarios en los que únicamente los miembros de la jet-set volaban.

El crecimiento de ventas de billetes ha superado con creces las mejoras en eficiencia de combustible. Las mejoras anuales en el consumo unitario, por impresionantes que sean, están muy por debajo del crecimiento del tráfico. Más aún, la industria del transporte aéreo no solo ha mejorado la eficiencia del combustible de sus motores, sino que ha mejorado en otros muchos aspectos. Una miríada de mejoras de eficiencia (procedimientos operativos, técnicas de fabricación, canales de venta, mantenimiento...) han hecho que toda la industria sea más eficiente y barata. Inflación ajustada, un vuelo de ida y vuelta en clase turista entre Nueva York y Londres es cinco veces más barato ahora que hace 50 años. Esta tendencia ha sido aún más impresionante en el mercado de corto alcance con la desregulación y la llegada de las aerolíneas de bajo coste.

Los entusiastas de la eficiencia pueden argumentar que esto se debe al crecimiento de la población y el nivel de vida. Hoy en día, más personas tienen acceso al transporte aéreo que hace 40 años.

Nadie niega los beneficios sociales y económicos que se derivan de la eficiencia; son indiscutibles. Viajamos más rápidos, más seguros y cómodos de lo que cualquier monarca del pasado hubiera podido soñar. Lo que se argumenta es que la eficiencia no solo no reduce las emisiones de dióxido de carbono, sino que, de hecho, las estimula. Las mejoras en la eficiencia del transporte aéreo están rindiendo un gran servicio a la humanidad, el coste ambiental es otra historia.

Más aún, cuando el mercado es elástico al precio, el efecto rebote se intensifica. Esto es lo que ocurre con el mercado del transporte aéreo. Si los precios de los billetes bajan, es normal esperar un crecimiento importante en la demanda de viajes. Según el estudio de Lisa Hopkinson y Sally Cairns[5.9], solo el 15 % de los residentes del Reino Unido cogen el 70 % de los vuelos (los llamados viajeros frecuentes) y alrededor del 50 % nunca vuelan. El estudio sugiere que se obtendrían resultados similares con el resto de los países desarrollados. En otras palabras, existe un enorme potencial de crecimiento de pasajeros entre las personas que nunca vuelan o las que lo hacen una vez al año por vacaciones en los países ricos.

Según el mismo estudio, solamente el 1 % de la población mundial es responsable de la mitad de los kilómetros volados, y únicamente un pequeño porcentaje, entre el 5 y el 10 %, vuela en un año dado. Lo que es más dramático, más del 80 % de la población mundial nunca se ha sentado en un avión. Muchos estudios muestran la correlación directa entre el número de vuelos per cápita y el Producto Interno Bruto (PIB) per cápita de un país. A medida que crece el PIB per cápita, también crece el número de vuelos per cápita. Esto, por supuesto, está modulado por otros factores como madurez del mercado, regulación, geografía, previsiones económicas, demografía, crisis imprevistas, etc. En general, y como es bien sabido entre los planificadores aeroportuarios, más riqueza significa más vuelos. No es de extrañar que Indonesia, el archipiélago más grande del mundo con más de 250 millones de habitantes y una de las economías de más rápido crecimiento del sudeste asiático, se haya convertido en el mayor mercado aeronáutico de la región.

En resumen, el mercado del transporte aéreo aún está lejos de su madurez, no solo entre los países con ingresos bajos y medios, sino también entre los más pudientes. Consecuentemente, dado que la mejora en la eficiencia provoca una disminución de precios, el efecto rebote es inevitable. Una mayor eficiencia conducirá, en última instancia, a un mayor consumo de combustible.

TAMAÑO, LA TRAGEDIA DE LA EFICIENCIA

Port Townsend es una pequeña localidad histórica situada en un extremo de una gran península ubicada en la costa del Pacífico en los EE. UU. El lugar aspiraba a convertirse en el puerto más grande de la Costa Oeste, pero su destino cambió radicalmente con la llegada del barco de vapor y el ferrocarril. Además del paisaje natural, el pueblo es conocido por sus edificios victorianos y su distrito histórico. Algunas escenas de la película *Oficial y caballero* se rodaron allí. Es un lugar realmente encantador, y no es de extrañar que el turismo sea una de las principales industrias.

Hace muchos años, antes de las fotos digitales, un familiar cercano tenía un pequeño laboratorio fotográfico en la localidad. Muchos lugareños y turistas acudían a su tienda para revelar sus rollos de fotos. Era el único laboratorio en el casco antiguo. Un día, el pueblo se despertó con la noticia de que un gran centro comercial iba a instalarse allí. El centro comercial prometía una amplia variedad de productos a precios inmejorables, incluido un nuevo laboratorio fotográfico. La noticia causó conmoción entre la comunidad de pequeños empresarios. Mi familiar, como muchos empresarios, temía que los clientes de toda la vida pudieran sentirse atraídos por la comodidad, los precios y los descuentos del nuevo centro comercial. «Es difícil competir en precio con las grandes empresas» recuerdo que me dijo, «simplemente son más eficientes».

En igualdad de condiciones, los motores grandes son más eficientes que los más pequeños. Al igual que con los centros comerciales, el tamaño importa. Los motores grandes tienen una gran relación volumen-superficie, y eso les da dos ventajas competitivas: menos pérdida de calor y menor fricción. En primer lugar, como en el caso de las grandes ballenas azules, una mayor relación volumen-superficie permite que se pierda menos calor hacia el entorno. En segundo lugar, los motores más grandes también tienen componentes más grandes, como pistones, cilindros, cojinetes y cigüeñales. Como consecuencia, una mayor relación volumen-superficie también reduce la fricción entre las piezas y, por lo tanto, las pérdidas por resistencia mecánica. Por todo ello, una menor pérdida de calor y fricción da lugar a una menor energía desaprovechada lo que permite generar más trabajo útil. En pocas palabras, la eficiencia mejora con el tamaño. La comunidad de pequeños empresarios de Port Townsend sabía lo que se avecinaba.

La eficiencia aumenta con el tamaño, pero en algún momento, es de esperar que alguna restricción limite el tamaño máximo de un motor. Hasta ahora no ha sido así. Los ingenieros no se han topado con problemas para diseñar motores más grandes.

Hay otras razones por las que el tamaño ayuda a la eficiencia. Algunos motores grandes incorporan sistemas de recuperación de calor residual. De esta manera, pueden capturar energía térmica que de otro modo se perdería. Esto es equivalente a recoger los huesos que sobran de una barbacoa y usarlos para alimentar al perro. Eso es como dar una segunda oportunidad a los restos de la barbacoa antes de convertirse en residuo. Esta argucia, aunque un poco más sofisticada, es lo que algunas plantas de energía usan para generar electricidad adicional y, por lo tanto, mejorar la eficiencia general del proceso.

La eficiencia aumenta con el tamaño, pero en algún momento, es de esperar que alguna restricción limite el tamaño máximo de un motor. Hasta ahora no ha sido así. Los ingenieros no se han topado con problemas para diseñar motores más grandes. Dos motores diésel, con una potencia combinada de 59 000 kW, operan el Triple E[5.10] de Maersk, el buque portacontenedores más grande del mundo. Dos motores de 84 000 libras de empuje impulsan el Airbus 350[5.11], capaz de transportar 400 pasajeros en una configuración típica de 3 clases. Airbus sostiene que es el avión más eficiente de su categoría, con un 25 % menos de consumo de combustible por asiento. La mejora de la eficiencia es el factor que está incitando a las industrias naviera y aeronáutica a utilizar motores cada vez más grandes.

Por desgracia, la potencia que necesitan los grandes motores solo la puede proporcionar los combustibles fósiles de alta intensidad energética (o la energía nuclear), que son los únicos que pueden nutrir a estos leviatanes del aire o los mares. La ventaja de la eficiencia en el consumo no solo se ve empañada por la Paradoja de Jevons, sino que también va de la mano con el tamaño. Esto resulta ser bastante inoportuno, ya que las naves de mayor tamaño implican motores más potentes, y los motores potentes son dispositivos de alto consumo energético, lo que en última instancia hace que sea más difícil su transición a las energías renovables. Como vimos en capítulos anteriores, la energía solar no es una fuente de energía de alta intensidad. No estamos teniendo suerte.

EFICIENCIA DEL SISTEMA DE TRANSPORTE FERROVIARIO

Viajo a menudo en el tren de alta velocidad. En una ocasión, mi esposa se dio cuenta de un nuevo anuncio en el lateral del tren. Decía: «Transporte sostenible. Cero emisiones de dióxido de carbono». Conociendo mi interés en el tema, me preguntó: «¿Tú qué opinas?» Miré el anuncio y le respondí: «Están contando la mitad de la verdad, la única mitad que quieren que sepamos».

Algunos ecologistas mal informados están presentando el transporte ferroviario eléctrico como la solución universal al problema de las emisiones. Aprovechando la coyuntura, muchas compañías ferroviarias se están falsamente vendiendo como cero emisiones. Esto es una mentira flagrante, para empezar, los trenes dependen de los combustibles fósiles para generar electricidad cuando las renovables, debido a su intermitencia, no están disponibles. Por ejemplo, en Alemania, casi la mitad de la electricidad se genera con combustibles fósiles, en gran parte con carbón. Pero, además, las compañías ferroviarias solo computan una parte de las emisiones de dióxido de carbono, las que se generan durante las operaciones. La industria no tiene un pelo de tonta. Las compañías ferroviarias están ocultando las emisiones previas que son necesarias durante la construcción de las vías, sin estas, no se puede operar. Estas emisiones no son baladíes.

El transporte terrestre siempre ha sido un verdadero desafío. Esto es así porque la geografía es poco uniforme. En la naturaleza no hay carreteras pavimentadas, ni siquiera un sendero bien transitado. Caminar en la naturaleza es una tortura debido a los desniveles del terreno, las rocas, los espesos arbustos o los obstáculos, como los árboles caídos. El transporte terrestre debe sortear montañas, cañones, ríos, pantanos, bosques, tundras heladas y desiertos abrasadores. Por eso, después de 3500 millones de años en el reino animal, la evolución nunca ha generado una sola especie con ruedas. Esto es así, independientemente de lo mucho más eficiente que pueda ser el transporte con ruedas. Los animales terrestres han evolucionado con patas, dos, cuatro, seis, ocho o más, algunos sin ninguna, pero ninguno con ruedas.

La humanidad no inventó la rueda hasta que se crearon caminos lo suficientemente anchos y planos como para permitir su paso. Las primeras ruedas aparecieron alrededor de 3200 años antes de Cristo.

Estas estaban hechas de una sólida pieza de madera que giraba sobre un eje. La rueda facilita el transporte al reducir la fricción, es decir, es más eficiente que un trineo o un travois, ya que se desperdicia menos energía en forma de calor. Esto se logra al tener un eje de rotación instantáneo justo donde se produce la línea de contacto entre la rueda y el suelo. A medida que el carro avanza, la rueda gira y el eje instantáneo se mueve junto con el carro. Esto hace que no haya fricción —o muy poca— entre la rueda y el suelo. La rueda fue un invento crucial, pero el conseguir primero una superficie plana y uniforme como la carretera fue igualmente importante.

Por esta razón, miles de años antes de la invención de la rueda, las primeras civilizaciones surgieron cerca de vías fluviales como ríos, lagos o mares. El acceso al agua era crucial para la agricultura, el transporte y el comercio, ya que las vías fluviales servían como caminos naturales, lo que permitía el transporte de bienes y personas a largas distancias. Las primeras civilizaciones usaban canoas y barcas para viajar y explorar nuevos territorios. No había necesidad de una fuerte inversión inicial —que consumía recursos— en infraestructura. Con el tiempo, el acceso al agua facilitaba las redes comerciales, lo que permitía el intercambio de ideas entre civilizaciones distantes. Los puertos naturales se convirtieron en centros de actividad económica, lo que fomentó el crecimiento de las ciudades y el comercio.

Durante su campaña para conquistar el Imperio Persa, Alejandro Magno fundó la ciudad de Alejandría. La ubicación la eligió debido a su posición estratégica en la costa mediterránea, cerca del delta del Nilo. El lugar ofrecía un puerto natural y tenía el potencial de convertirse en un importante centro de comercio y poder militar. Alejandría rápidamente se convirtió en uno de los puertos más importantes del Mediterráneo antiguo. Este facilitaba el comercio entre Egipto, Grecia, Roma y otras regiones del Mediterráneo. Además, un canal que conectaba el río Nilo con el mar Rojo permitía el comercio con regiones distantes como la India y África oriental. Mercancías como cereales, papiros, textiles, vidrio y especias fluían a través del puerto. Durante la época romana, grandes cantidades de cereales se transportaban por el Nilo en barcazas y, más tarde, se exportaban en barco a Roma, Constantinopla y otras ciudades del Imperio. Con muy poca inversión inicial, Alejandro Magno sentó las bases de una ciudad que, con el tiempo, se haría increíblemente rica y próspera.

Si comparamos con el avión o el barco, el transporte por vía ferroviaria ha decaído en el mundo simplemente porque es menos eficiente energéticamente. La vida premia la eficiencia.

El transporte marítimo, aéreo y terrestre comparten la necesidad de una infraestructura básica: una puerta de entrada como un puerto, un aeropuerto o una estación de tren. Pero mientras que el transporte marítimo y el aéreo no necesitan nada más, el transporte terrestre requiere además una infraestructura ininterrumpida que conecte las ciudades: una carretera o un ferrocarril. Este tipo de infraestructura requiere una enorme inversión previa y costes diarios de mantenimiento. Muchos ecologistas y partes interesadas del sector afirman que el ferrocarril es bueno para el medio ambiente y un modo de transporte eficaz para mitigar emisiones. Argumentan que, comparado con el coche o el avión, los trenes son más eficientes por pasajero y kilómetro. Este argumento ignora los costes previos —y necesarios— de consumo de energía.

Por este motivo, muchos estudios independientes tienen un punto de vista diferente. Las conexiones ferroviarias requieren kilómetros de vías férreas, con puentes, túneles y enormes movimientos de tierra que se traducen en un consumo considerable de energía. Más aún, las vías férreas requieren enormes cantidades de hormigón y acero, cuya producción consume mucha energía. Para que la construcción de una conexión ferroviaria tenga sentido, los ahorros en emisiones de dióxido de carbono durante las operaciones deben compensar las emisiones previas realizadas durante las obras.

En muchos estudios se ha analizado el periodo de restitución de nuevas infraestructuras terrestres, como puede ser un enlace ferroviario. El periodo de restitución es el tiempo necesario operando con bajas emisiones para compensar las emisiones realizadas durante la construcción y el mantenimiento de la infraestructura. Esta reducción se consigue mediante la sustitución de un modo de transporte ineficiente por otro más eficiente. Dado que los periodos de restitución dependen de la complejidad de la infraestructura, ya sea en superficie, en túneles o elevada, para el caso de infraestructuras muy complejas, algunos periodos de restitución pueden llegar a los 50 años. Este ocurre cuando túneles y viaductos representan un porcentaje importante de la longitud total de la infraestructura. Los estudios también muestran que, para un período de ciclo de vida de 50 años, son necesarios volúmenes de tráfico de más de 10 millones de pasajeros[5.12]. La conclusión es que el volumen de tráfico debe ser grande, la mayor parte del tráfico capturado debe provenir del transporte aéreo y las obras deben minimizar el uso de túneles para garantizar períodos de restitución razonables. No todos los nuevos proyectos de enlaces ferroviarios mitigan emisiones. Las incertidumbres en el cálculo de emisiones, especialmente durante el período operativo, puede hacer que los períodos de restitución medidos en décadas sean inaceptables[5.13].

Un último apunte, el argumento de que las emisiones previas estarán ya amortizadas una vez pasado el período de restitución, y por lo tanto, dentro de 50 años no habrá más emisiones con el tren eléctrico, puede ser peligroso. La historia dice que con el tiempo se produce un cambio tecnológico, y este, requiere de nuevas infraestructuras. Esto es lo que ha ocurrido con los nuevos trenes de alta velocidad. Ninguno de los puentes, túneles y vías de otras épocas se han usado porque no están adaptados a los trenes actuales. Si en el futuro, alguna nueva tecnología más eficiente se impone, como el tren magnético o el hyperloop, también necesitarán de una infraestructura totalmente nueva.

Si comparamos con el avión o el barco, el transporte por vía ferroviaria ha decaído en el mundo simplemente porque es menos eficiente energéticamente. La vida premia la eficiencia. Esto ha ocurrido especialmente en EE. UU. y la mayor parte del mundo. No tanto en Europa o China, debido principalmente a la ayuda de fuertes subvenciones por parte de los gobiernos. Como hemos visto, si se incluyen las infraestructuras, el ferrocarril consume más energía, por eso es menos competitivo.

Lógicamente, el transporte por tren en una vía férrea ya construida es indiscutiblemente más eficiente que el avión, el barco o incluso el coche. El transporte en metro en áreas urbanas de alta densidad es, sin duda, uno de los modos de transporte con menores emisiones. Sin embargo, la estrategia de construir nuevas vías férreas como herramienta eficaz en la lucha contra el cambio climático no está tan clara. Los planificadores de infraestructuras deben incluir las emisiones previas durante la fase de construcción. De lo contrario, si no verifican bien sus números, con la agenda de cero emisiones para el 2050, les podría salir el tiro por la culata.

¿PUEDE FUNCIONAR LA EFICIENCIA EN ALGÚN CASO?

A fines del siglo XIX, surgieron los primeros asentamientos de colonos junto a los acuíferos naturales en las regiones áridas del suroeste de los Estados Unidos. Los primeros colonos se enfrentaron a un terrible problema: garantizar el suministro constante de agua para sus cultivos en un terreno desértico. Durante el siglo XX, las autoridades locales iniciaron la construcción de canales de irrigación aprovechando las aguas del río Colorado. En 1942, se completó el Canal All-American que permitía el riego de vastas superficies de tierras en una región que originalmente era una de las más secas del planeta. Por otro lado, la construcción de la presa Hoover y la presa Glen Canyon facilitaba la generación de energía hidroeléctrica y proporcionaba enormes reservas de agua para nuevas áreas urbanas en crecimiento como Los Ángeles, Las Vegas y Phoenix. A día de hoy, el río Colorado suministra agua a más de 30 millones de personas, irriga casi 2 millones de hectáreas de tierras de cultivo en los EE. UU. y México y, a través de varias plantas hidroeléctricas, genera más de 10 TW·h al año[5.14]. Antes de la intervención humana, el río descargaba alrededor de 20 billones de litros de agua al año en el Golfo de California. Hoy, el caudal apenas llega al mar. En el delta del río Colorado en México, el río es solo un pequeño hilo de agua y, con frecuencia, simplemente está seco.

Esto es simplemente el resultado de un uso muy eficiente de los recursos hídricos del río Colorado. La innovación tecnológica, como bombas de bajo consumo o sistemas de riego eficientes, han hecho posible lo imposible. La eficiencia ha permitido el cultivo de campos que de otro modo no hubieran sido cultivables o ha transferido agua a áreas urbanas distantes que de otro modo nunca hubieran sido viables. La eficiencia ha incentivado un consumo de agua cada vez mayor hasta apurar la última gota. Nada excepto la eficiencia fue lo que dejó el río seco en su desembocadura en México.

Una vez que se llega al límite, la eficiencia solo ayuda a hacer una explotación mejor y más inteligente del agua disponible. Por ejemplo, el riego eficiente está permitiendo obtener unos rendimientos agrícolas nunca vistos. Pero no nos equivoquemos, la eficiencia nunca reducirá el consumo de agua; el río Colorado nunca más volverá a descargar en el Mar de Cortés grandes cantidades de agua.

Algo similar ocurre con la energía. La eficiencia energética no reduce el consumo, al contrario, sin ninguna restricción, la eficiencia estimula su consumo. La eficiencia genera ahorros de energía, que hacen bajar los precios, lo que finalmente estimula el consumo, de ahí el efecto rebote de la Paradoja de Jevons. Así ocurre hasta que el sistema alcanza su límite de capacidad energética. Esto habría sucedido en Australia si la intervención humana no hubiera obstaculizado de alguna manera a los conejos. Los conejos se habrían multiplicado en el territorio hasta agotar los recursos, hasta llegar a su propio límite de sostenibilidad ecológica.

CONCLUSIÓN

En este capítulo hemos visto por qué la eficiencia no funciona en la lucha contra las emisiones de dióxido de carbono. En primer lugar, se trata de la Paradoja de Jevons o el efecto rebote. La eficiencia impulsa el consumo hasta que se agotan todos los recursos. En segundo lugar, se trata del tamaño. La eficiencia crece con el tamaño, pero el tamaño requiere energía de alta intensidad para funcionar, que no es precisamente lo que proporciona la energía solar.

Los gobiernos podrían restringir el consumo mediante leyes, por ejemplo, fijando precios, tarificando por tramos, imponiendo cuotas o incluso prohibiendo un producto por completo. Estos podrían anular el efecto rebote, asegurándose de que cualquier nueva demanda inducida por la eficiencia no compense las caídas en el consumo de combustible. Para ser honesto, no veo a ningún gobierno proponiendo una legislación impopular que fomente una agenda verde a largo plazo. Cada vez que un gobierno ha intentado frenar el consumo energético mediante leyes, siempre hay ganadores y perdedores, y los perdedores inevitablemente salen a la calle con las cacerolas a protestar hasta que su gobierno se retracta.

Hay una cosa que los gobiernos podrían hacer sin coste alguno y sin apenas oposición de las masas: acabar con la idea de que la eficiencia es buena para el medio ambiente. Esta idea equivocada está profundamente arraigada en el sentir de la gente, incluso entre los ecologistas. Durante décadas, los departamentos de marketing de todo tipo de sectores han estado vendiendo la eficiencia como algo ecológico o bueno para el medio ambiente. El resultado es que sostenibilidad y eficiencia se han convertido en cuasi sinónimos. Lo opuesto —que la eficiencia estimula el consumo energético— es tan contraintuitivo que a la gente le resulta muy difícil aceptarlo. Los gobiernos podrían generar un gran impacto simplemente prohibiendo cualquier mención de la eficiencia en una campaña de marketing. Esto, por sí solo, sería enorme para el medio ambiente.

6. LA FALACIA DEL DESACOPLAMIENTO DEL CARBONO

«La mentira es una condición de la vida».

Friedrich Nietzsche, filósofo

En una de las escenas del emblemático *Barrio Sésamo*, Epi y Blas se preparan para ir a dormir. La habitación está en silencio y ambos amigos están arropados bajo sus mantas, listos para descansar. Blas está acostado en su cama, tratando de quedarse dormido, mientras que Epi está en la suya con un plato... masticando galletas.

Mientras Epi mastica felizmente sus galletas, las migas comienzan a caer sobre su cama. No parece importarle en absoluto, pero Blas se da cuenta y le dice:

«Epi, Epi, ¡estás dejando caer migas en tu cama! ¡Las migas te harán sentir picazón y no podrás dormir!».

Epi se detiene por un momento, mirando al montón de migas a su alrededor: «Hmmm, tienes razón Blas. Gracias. No quiero dormir con las migas», responde. Blas da un suspiro de alivio, pensando que Epi finalmente dejará de comer galletas en la cama. Pero, de repente, a Epi se le ocurre una idea. Antes de que Blas pueda reaccionar, Epi se acerca rápidamente a la cama de Blas con el plato de galletas y comienza a comer de nuevo.

«¿Qué estás haciendo, Epi?».

«Estoy comiendo en tu cama, Blas, así evitaré que haya migas en la mía», responde, orgulloso de su ingeniosa solución.

La solución de Epi es la solución del mundo rico para reducir la huella de emisiones de dióxido de carbono. Mucha gente está convencida de que las emisiones de dióxido de carbono por persona están disminuyendo en sus países. Creen que la reducción de emisiones y el crecimiento económico son posibles gracias a la tecnología. En este capítulo, desterraremos este mito. Contrariamente a la creencia popular, el crecimiento económico no ayuda en la lucha contra las emisiones de dióxido de carbono. En realidad, las naciones ricas descargan emisiones en otro lugar, como Epi y las migas de galletas. Veamos cómo lo hacen.

Contrariamente a la creencia popular, el crecimiento económico no ayuda en la lucha contra las emisiones de dióxido de carbono. En realidad, las naciones ricas descargan emisiones en otro lugar, como Epi y las migas de galletas.

LAGO APESTOSO

El lago Washington es una gran masa de agua dulce en el Estado de Washington, EE. UU. El lago se alimenta principalmente de dos ríos y desemboca en el océano Pacífico a través de las esclusas de un canal navegable en la ciudad de Seattle. El primer europeo que vio el lago fue George Vancouver en 1792. Sin embargo, no fue hasta mediados del siglo XIX cuando los primeros pioneros establecieron colonias permanentes en la zona. Las aguas cristalinas del lago desempeñaron un papel importante en el desarrollo de la región. El lago proporcionaba agua para beber, para higiene y para el transporte. A finales del siglo XIX y principios del XX, la construcción de canales y esclusas conectaron el lago Washington con el océano, lo que facilitó el comercio marítimo.

Para los primeros colonos de la zona, el lago parecía un profundo sumidero inagotable en el que arrojar residuos. Como era costumbre en aquella época, la gente arrojaba todo tipo de basura y aguas residuales al lago. Las cosas no fueron mal durante mucho tiempo; había poca gente alrededor, y por tanto, no se arrojaban demasiados residuos. Las fuerzas de la naturaleza hacían bien su trabajo y todo quedaba limpio para los habitantes de la zona. Desgraciadamente, con el paso de los años, las aguas que antes estaban impolutas se convirtieron en un putrefacto y maloliente cenagal, y en la década de los 60, el lago recibió el apodo de «Lago Apestoso». ¿Cómo se llegó a ese punto?

A principios del siglo XX, la ciudad de Seattle comenzó a verter aguas residuales en el lago. A medida que la ciudad crecía, se construyeron nuevos desagües. Aunque la mayor parte de las aguas residuales se sometían a algún tratamiento, durante las siguientes décadas, el lago experimentó un importante crecimiento de molestas algas debido a las enormes cantidades de nutrientes a base de fósforo descargadas. Cuando el exceso de algas llegaba a la orilla, estas se pudrían, el agua ennegrecía y la vida submarina comenzó a desaparecer. Las algas putrefactas en las orillas apestaban y la población comenzó a quejarse.

En ese momento, las autoridades locales reaccionaron con un plan para desviar los desagües de aguas residuales del lago hacia la cercana ensenada de Puget. Una vez allí, las corrientes de la ensenada y el movimiento de la marea limpiarían la porquería, mezclando las aguas residuales con agua de mar y luego dispersándolas en el océano. Una vez completada la desviación de los desagües, y debido a la entrada de aguas limpias procedente de sus afluentes, el lago Washington se recuperó con celeridad. En menos de una década, las algas disminuyeron, las aguas se limpiaron y los peces se recuperaron. El lago se había salvado.

La laguna de Lagos, por otro lado, es uno de los ecosistemas más contaminados del planeta. La laguna está separada del océano Atlántico por una larga barrera de arena en el estado de Lagos, Nigeria. Dos ríos desembocan en la laguna antes de desembocar en el océano a través del puerto de Lagos. Varios factores contribuyen a esta contaminación. Numerosas industrias, incluidas refinerías de petróleo, plantas químicas e instalaciones de fabricación, vierten sus efluentes sin tratar en la laguna. Además, una gran parte de la población de Lagos, una de las megaciudades de más rápido crecimiento del mundo, vive cerca de la laguna. Debido a la falta de instalaciones sanitarias, una importante cantidad de aguas residuales domésticas, incluidos los detritos humanos, se vierten directamente a las aguas. Otra fuente de contaminación son los residuos sólidos, incluidos los plásticos, debido a una inadecuada infraestructura para la gestión de residuos. Por último, como si nada de lo anterior fuera suficiente, los frecuentes derrames de petróleo, tanto de actividades industriales como de operaciones ilegales de abastecimiento de combustible, contribuyen a una mayor contaminación.

La calidad del agua de la laguna se ha deteriorado de una manera insostenible, lo que la hace actualmente insegura para beber o nadar. La polución genera graves riesgos para la salud de las comunidades locales, incluidas enfermedades transmitidas por el agua, infecciones de la piel y otros problemas sanitarios. La contaminación también tiene efectos adversos sobre la vida marina, incluida la exterminación de peces, tortugas, mamíferos, aves y cualquier otro animal acuático. Se están haciendo esfuerzos para abordar el problema, sin embargo, debido a una financiación limitada, el incumplimiento de las normas y la falta de concienciación pública hacen que sea extremadamente difícil.

El lago Washington es un ejemplo de cómo a medida que las sociedades se hacen más ricas se puede revertir el deterioro ambiental. La laguna de Lagos todavía sigue esperando su turno. Los habitantes de los barrios marginales de Lagos —personas que viven en extrema pobreza— ya tienen bastante con conseguir comida, agua y un techo para ellos y sus familias. La degradación ambiental es la última de sus preocupaciones diarias.

CURVA AMBIENTAL DE KUZNETS

A medida que la gente alcanza mayores niveles de ingresos, esta dirige su atención —y sus recursos financieros— hacia otras preocupaciones, como las cuestiones ambientales. La Curva Ambiental de Kuznets (CAK) es una teoría que sugiere que la degradación ambiental sigue una curva en forma de U invertida a medida que aumenta el ingreso per cápita. Inicialmente, el crecimiento económico empeora la degradación ambiental, pero tras alcanzar un cierto umbral de ingresos, la calidad ambiental comienza a mejorar. Una evolución típica implica la transición desde una economía agrícola impulsada por energía tradicional en áreas rurales hacia una economía industrial impulsada por combustibles fósiles en las regiones urbanas, antes de convertirse finalmente en una economía basada en servicios de energía limpia centrada en parques tecnológicos respetuosos con el medio ambiente. Esta mejora se atribuye a factores como la disponibilidad de ingresos ociosos para causas verdes, una mayor conciencia ambiental, el avance tecnológico y la implementación de legislación y políticas ambientales. Más o menos el mismo patrón que siguió el lago Washington.

El modelo CAK ha sido la corriente dominante de pensamiento entre muchos economistas que han estudiado los problemas de contaminación y el ingreso medio. Grossman y Krueger introdujeron el modelo CAK en 1991. Fueron los primeros en estudiar la relación entre el ingreso per cápita y varios indicadores ambientales, como la contaminación del aire urbano, la contaminación fecal en el agua o la contaminación de las cuencas fluviales por metales pesados. Descubrieron que, contrariamente a la creencia convencional del movimiento ecologista, el crecimiento económico podría convertirse en un medio eficaz para una mejora ambiental futura. En su estudio, descubrieron que el crecimiento económico, tras una fase inicial de deterioro ambiental, trae consigo una fase de disminución de las concentraciones de contaminantes. Esa era una excelente noticia para los mercados. La posibilidad de lograr la sostenibilidad a largo plazo sin desviarse en el corto plazo del crecimiento económico era demasiado tentadora como para rechazarla.

Este estudio fue seguido por muchos otros, y todos produjeron resultados similares. En general, en el corto plazo, el crecimiento económico suele conducir a mayores niveles de contaminación, deforestación, destrucción del hábitat y agotamiento de los recursos naturales. Sin embargo, en el largo plazo, la innovación y la inversión en tecnologías sostenibles reducen el daño ambiental. Más aún, a medida que las economías se desarrollan, suele haber una transición hacia industrias más limpias y regulaciones ambientales más estrictas. Los gobiernos, las empresas y los consumidores se vuelven más conscientes de los problemas ambientales y la probabilidad de que se prioricen las iniciativas de sostenibilidad aumentan.

La disminución de la contaminación en los países ricos es incuestionable. Esto va en contra de la Ley del Incremento de los Residuos. ¿Cómo es posible?

La disminución de la contaminación en los países ricos es incuestionable. Esto va en contra de la Ley del Incremento de los Residuos. ¿Cómo es posible?

CONTAMINACIÓN Y RESIDUOS

En diciembre de 1952, bajo un frío invernal intenso, una gran contaminación ambiental se abatió sobre Londres, el Gran Smog. Durante varios días, el frío y la humedad se combinaron con el uso masivo de carbón para calefacción, lo que creó una capa densa de humo y niebla sobre la ciudad. Esta espesa neblina estaba formada por una mezcla de gases tóxicos, como dióxido de azufre, óxidos de nitrógeno y hollín. Debido a una inversión térmica, un fenómeno que atrapaba el aire frío y contaminado cerca del suelo, los gases y partículas tóxicas no pudieron escapar. Las calles se llenaron de una oscuridad espesa, con una visibilidad tan reducida que las personas apenas podían ver frente a ellas, mientras que los hospitales se veían desbordados por pacientes con dificultades respiratorias.

Durante esos días, la contaminación afectó gravemente la salud de la población, especialmente de los más vulnerables. Miles de personas comenzaron a sufrir ataques de asma, bronquitis y otras afecciones respiratorias, y muchas murieron por la exposición al smog. Aunque se estima que fallecieron alrededor de 4000 personas, algunas investigaciones sugieren que el número total de víctimas podría haber sido mucho mayor. Este desastre provocó una conmoción a nivel nacional, y como resultado, el gobierno británico aprobó la Ley del Aire Limpio de 1956, que implementó regulaciones más estrictas para reducir la contaminación. El Gran Smog marcó el comienzo de una nueva era en la lucha contra la contaminación en muchas ciudades.

La legislación aprobada acabó con la contaminación, pero no con los residuos. La contaminación en los países ricos ha disminuido, eso es innegable. Las aguas de nuestros ríos y el aire que respiramos son mucho más limpios y sanos de lo que disfrutaron muchos de nuestros antepasados. Ahora bien, no debemos confundir el descenso de la contaminación en los países ricos con una disminución de los residuos. Son dos cosas diferentes. La contaminación se puede evitar, los residuos no. La contaminación es el resultado de una liberación desordenada e irresponsable de residuos nocivos. Esta no ocurre cuando los residuos se capturan y se concentran en puntos controlados. Esto es lo que ocurre en los países ricos. La contaminación ha disminuido porque los residuos tóxicos o peligrosos no se dispersan descontroladamente en el medioambiente. Estos acaban en un vertedero. Obviamente, la dispersión de residuos inocuos no es un problema, estos, por definición, no contaminan. Esto es, incluso sin contaminación, los residuos no desaparecen.

La combustión en calderas industriales genera dióxido de carbono y otros residuos como cenizas, óxidos de nitrógeno, óxidos de azufre o material particulado. El dióxido de carbono –que es un residuo inocuo– se libera gratuitamente en la atmósfera. El resto –el peligroso– se captura mediante procesos químicos y físicos. El subproducto obtenido se reutiliza en algún proceso industrial, y aquellos que no tienen salida, se transporta a un vertedero controlado. Lo mismo ocurre con los fangos contaminados de las plantas de tratamiento de aguas residuales. Estos, una vez secados, se trasladan a vertedero. O con el reciclaje de aceite usado de los coches. Los residuos que no pueden ser reciclados o reutilizados, se destinan a vertederos controlados.

Como hemos mencionado en diversas ocasiones, los países desarrollados son muy competentes capturando, concentrando y escondiendo los residuos en algún rincón del planeta: los vertederos controlados. Sin embargo, los vertederos de cualquier economía moderna, por muy controlados que sean, son un área muy contaminada. Nada crece en ellos. Los países ricos evitan la dispersión de la contaminación concentrándola en puntos concretos. Los residuos, al descomponerse o interactuar con el aire y el agua, generan líquidos, gases y materiales tóxicos que afectan a los ecosistemas y la salud humana.

Con el tiempo, la solución al problema es el cierre y la clausura definitiva de los vertederos agotados. Para ello, se sellan con geomembranas, se rellena con capas de tierra vegetal y se rehabilita el terreno mediante la planta de árboles, arbustos y pastos. Los residuos quedan así escondidos bajo una enorme montaña de tierra. Los vertederos evitan una contaminación descontrolada, esto es magnífico, pero a pesar de todo, que no quepa duda de que los residuos no se han eliminado. Eso es imposible. Ahí seguirán durante años. Muchos de ellos, durante siglos.

Esto ocurre con los residuos peligrosos, pero ¿qué ocurre con un residuo aparentemente inocuo como el dióxido de carbono?

FUGA DE CARBONO

El escrutinio de la relación entre el crecimiento económico y el medio ambiente se ha intensificado en los últimos 50 años. La rápida expansión de la economía global ha suscitado preocupaciones sobre su contribución a la degradación ambiental, y en particular al efecto invernadero. Las emisiones de dióxido de carbono también han sido objeto de estudios para evaluar si siguen la teoría de CAK. Muchos estudios están mostrando evidencias claras de un desacoplamiento absoluto entre las emisiones de dióxido de carbono y el Producto Interior Bruto (PIB) per cápita en las naciones desarrolladas. En otras palabras, a medida que las economías pasan de los sectores industriales a los basados en servicios, es compatible con mostrar aumentos reales del PIB per cápita mientras las emisiones disminuyen. Estos estudios marchan en perfecta sintonía con las predicciones CAK.

En economías avanzadas como Estados Unidos, el consumo de energía primaria por PIB ha bajado casi un 60 % durante los últimos 50 años[6.1]. Países comparables medidos en PIB per cápita, como el Reino Unido, Canadá, Francia o Alemania, han seguido una tendencia similar. Con la Unión Europea, hay un desacoplamiento absoluto. Desde 1990 hasta 2017, la economía de la Unión Europea creció un 66 % en PIB mientras que las emisiones de dióxido de carbono disminuyeron un 30 %[6.2]. Si atendemos a estos datos, para los ecoentusiastas, tecno-optimistas y amantes de los mercados, parece que vamos por buen camino. El desacoplamiento entre las emisiones de dióxido de carbono y el PIB representa la prueba concluyente de que el crecimiento económico y el respeto por el medio ambiente son compatibles.

No tan deprisa. A pesar de estos datos, numerosos estudios cuestionan este optimismo.

En 1991, el gobierno de México tomó la decisión histórica de cerrar la Refinería 18 de Marzo, cerca de la Ciudad de México. El objetivo era combatir la grave contaminación que asolaba a la capital desde hacía décadas. Esta refinería, construida en 1933, se había convertido en una de las principales fuentes de contaminación del aire debido a su proximidad a zonas urbanas en expansión. Tras su cierre, el sitio fue transformado en uno de los pulmones más grandes de la ciudad —el Parque del Bicentenario— un espacio público natural con áreas verdes que ha cambiado la calidad de vida de los habitantes.

El cierre de la refinería marcó un punto de inflexión en la lucha contra la contaminación en la capital. ¿Tuvo la decisión algún efecto en la reducción de emisiones en el país? Ninguno. Lógicamente, otras refinerías del país aumentaron su producción para compensar el cierre. Sus trabajadores fueron asignados a otras instalaciones, y durante su desmantelamiento, los equipamientos aún útiles se recuperaron y trasladaron a otras refinerías de la empresa. Las emisiones en la Ciudad de México disminuyeron con el cambio, pero las autoridades no redujeron las emisiones en el país. Solo las trasladaron de un lugar a otro.

Lo que los residentes de México están experimentando es una consecuencia de la Ley del Incremento de los Residuos. Los residuos son acumulativos. Los residuos crecen, nunca disminuyen. Es una tendencia unidireccional. Eliminar las emisiones en la Ciudad de México sin generarlas en otro lugar habría violado las leyes de la física.

Las emisiones de carbono, como todo residuo, están sometidas a estas leyes. Los países ricos resuelven el problema de las emisiones del mismo modo que hicieron los residentes de la Ciudad de México. Y lo mismo hizo Epi con las migas de galletas en el programa de Barrio Sésamo. La fuga de carbono es un fenómeno bien conocido y documentado. La fuga de carbono se produce cuando las industrias con un uso intensivo de energía se trasladan de un país a otro. Esto conduce a una disminución de las emisiones en los primeros y un aumento en los segundos. Hay varios factores interrelacionados que lo explican, impulsados principalmente por la dinámica económica y de mercado. La consecuencia final es que, algunos países, principalmente los países ricos y desarrollados, experimentan una disminución de las emisiones de dióxido de carbono mientras que el PIB sigue creciendo.

El desacoplamiento entre energía y PIB comenzó en los EE. UU. y la Unión Europea alrededor de 1990 y coincide con la expansión y globalización de las economías mundiales. Muchas empresas de los países ricos comenzaron a trasladar procesos de fabricación de bajo valor añadido a países con salarios más competitivos. Al mismo tiempo, se produjo en estos países ricos un aumento de empresas que ofrecían servicios de alto valor añadido, que requerían empleados bien formados y remunerados. Esto produjo un cambio estructural de la economía, pasando de una industria altamente dependiente de los combustibles fósiles a otra de servicios con un uso poco intensivo de la energía. Por ejemplo, muchas economías occidentales se están especializando en servicios que requieren un uso intensivo de conocimientos, como las finanzas, la ingeniería, la salud y la tecnología de la información y las comunicaciones.

Esta tendencia se ha intensificado aún más con la deslocalización del carbono. Para seguir siendo competitivas, muchas industrias se están trasladando a países con normas ambientales más laxas o con un menor grado de cumplimiento. Estos países a menudo también disponen de fuentes de combustibles fósiles abundantes y más baratos, como el carbón. Obviamente, la deslocalización ha incentivado las importaciones de productos más baratos a costa de penalizar los locales que, aun siendo más ecológicos, también son más caros.

En ciencia, un sistema que intercambia energía y materia con su entorno debe analizarse considerando la interacción a través de sus fronteras. Los cálculos deben tener en cuenta todo lo que entra o sale. De lo contrario, los resultados obtenidos pueden ser absurdos. La economía exige el mismo procedimiento. Ningún país tiene una economía completamente aislada del resto, en particular en las modernas economías liberales. Los gobiernos lo saben bien y por eso imponen estrictos controles aduaneros en las fronteras. De este modo controlan las importaciones y las exportaciones y cobran aranceles según corresponda. Análogamente, se debe considerar la interacción de las emisiones de dióxido de carbono en las fronteras. Resulta bastante ingenuo —o descaradamente fraudulento— afirmar que en los países ricos se produce un desacoplamiento del dióxido de carbono para justificar las ventajas del crecimiento económico. Para evaluar correctamente el impacto real del crecimiento, es necesario incluir las emisiones deslocalizadas.

Existen numerosos estudios complejos que abordan cómo varían las emisiones de dióxido de carbono cuando se ajustan con el comercio internacional. Los países normalmente declaran las emisiones territoriales, es decir, las emisiones de gases de efecto invernadero emitidas dentro de su territorio, independientemente del consumidor final de los bienes y servicios. Sin embargo, los expertos prefieren utilizar el concepto de emisiones según consumo, ya que reflejan mejor la huella de dióxido de carbono de los ciudadanos de un país. Las emisiones basadas en el consumo consideran las emisiones asociadas con la producción, el transporte y la eliminación de bienes y servicios consumidos dentro de un área geográfica particular. La diferencia se calcula sumando las emisiones de dióxido de carbono contenidas en las importaciones y restando las emisiones de las exportaciones. Obviamente, como era de esperar, los consumidores de los países ricos son importadores netos de emisiones. Estos estudios son complejos y, con frecuencia, difíciles de comprobar.

Sin embargo, no es necesario confeccionar modelos matemáticos complejos para dirimir la cuestión. Basta con realizar un cálculo mucho más sencillo e inmediato para determinar si existe un desacoplamiento global entre el PIB y el dióxido de carbono. El planeta Tierra es un auténtico sistema aislado, lo que significa que no hay importación ni exportación de emisiones de dióxido de carbono con el espacio exterior. Las emisiones liberadas en el planeta Tierra permanecen en el planeta Tierra. Esto hace que sea sencillo evaluar si el crecimiento del PIB mundial está dando sus frutos y hay signos alentadores de una disminución de emisiones. Si este fuera el caso, la hipótesis de la CAK sería cierta, y por lo tanto, los tecno-optimistas tendrían su prueba concluyente de que más tecnología y crecimiento es la solución a las emisiones.

Lamentablemente, no es así. Los datos son bastante demoledores. Los datos revelan una fuerte correlación a nivel mundial entre las emisiones de dióxido de carbono y el PIB per cápita. Ambos se duplicaron juntos de la mano en el período 1982-2022. El PIB aumentó de 5884 a 11 365 dólares per cápita[6.3] (medido en dólares constantes de 2015), mientras que las emisiones globales de dióxido de carbono crecieron de 18 900 a 37 100 millones de toneladas[6.4]. Lo más preocupante es que la tendencia es imparable y no muestra signos de desaceleración.

En otras palabras, el desacoplamiento es únicamente una ilusión. El éxito de las naciones ricas —e impolutas— reduciendo las emisiones de dióxido de carbono se debe a la deslocalización de la producción y, ya de paso, sus emisiones. Esto se logra a costa de transferir los residuos, incluidas las emisiones, a otro lugar. Desafortunadamente, no debería sorprendernos. Un desacoplamiento global del PIB y el dióxido de carbono de los países ricos hubiera sido equivalente a argumentar que los directivos de una gran petrolera están reduciendo su huella de carbono solo porque estos conducen vehículos eléctricos alimentados por paneles solares. No es muy convincente.

MANGER SON PAIN BLANC

La expresión francesa «*manger son pain blanc*» significa literalmente «comer su pan blanco». Su origen está en el mundo de la panadería. En francés, «*pain blanc*» se refiere al pan de alta calidad, elaborado con harina blanca refinada. En sentido figurado, la expresión significa disfrutar de un período de prosperidad, felicidad o paz. Sugiere que este período favorable no durará mucho y enfatiza la importancia de aprovecharlo al máximo mientras dure, porque se avecinan tiempos más difíciles. Los francófonos utilizan la expresión para describir una situación en la que uno ha decidido hacer primero lo fácil y dejar para más tarde las tareas más dificultosas.

La transformación de la economía mundial para alcanzar emisiones netas cero en 2050 está haciendo precisamente eso, «*manger son pain blanc*». Esto es así porque las principales fuentes de energía renovables (fotovoltaica, eólica e hidroeléctrica) se están aplicando a industrias en las que la sustitución de combustibles fósiles es casi inmediata y a un coste muy bajo, como la eliminación de las centrales eléctricas de carbón. Esto es muy sencillo. Estos rápidos avances explican en parte el desacoplamiento entre el PIB y las emisiones de dióxido de carbono mencionada anteriormente. Sin embargo, hay otros usos, como veremos, para los que las energías renovables no son una alternativa evidente.

Entre 2000 y 2022, la generación de electricidad ha experimentado un progreso extraordinario gracias al avance de las energías renovables. La generación de energía fotovoltaica, eólica e hidroeléctrica, las tres combinadas, han más que duplicado su capacidad en este período de 20 años. Una gran noticia. Según la Agencia Internacional de la Energía, la energía renovable ha aumentado su contribución a la generación de electricidad mundial, pasando del 19 % en 2000 al 29 % en 2022. Sin embargo, a pesar de este impresionante progreso, el 80 % de la energía primaria mundial todavía proviene de combustibles fósiles. Las fuentes de energía eólica, fotovoltaica e hidroeléctrica todavía representan solo un poco más del 11 % de la energía primaria total del mundo[6.5]. A este ritmo, se necesitaría más de un siglo para reducir a la mitad nuestra dependencia de los combustibles fósiles, lo que está muy lejos del objetivo de cero emisiones netas. ¿Por qué no hay más avances?

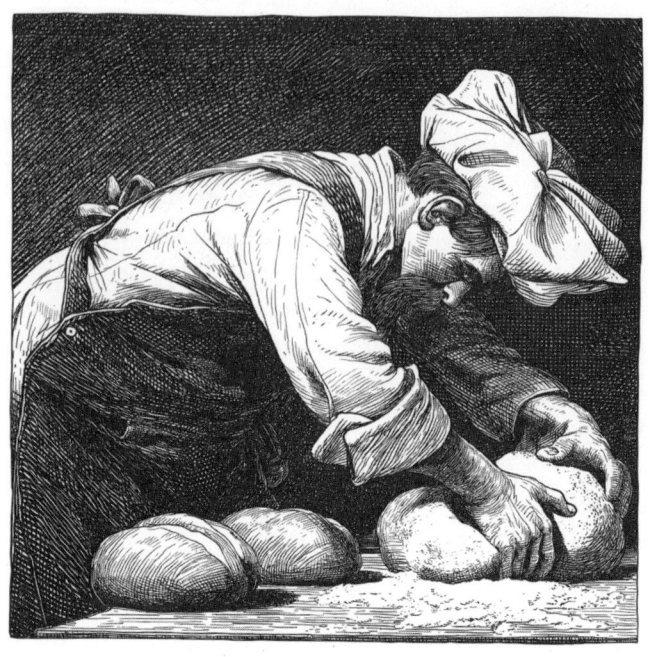

En sentido figurado, la expresión «*manger son pain blanc*» significa
disfrutar de un período de prosperidad, felicidad o paz

Hay dos razones. Dado que las energías renovables únicamente generan electricidad, y ningún otro tipo de energía, es difícil extender su uso a toda la economía. La electricidad, a pesar de ser un tipo formidable de energía limpia, también tiene sus defectos. En primer lugar, muchos procesos dependen exclusivamente de los combustibles fósiles, ningún otro tipo de energía sirve. Por lo tanto, su reemplazo por electricidad no es ni siquiera posible. En segundo lugar, como vimos en el capítulo 4, está el problema de la intermitencia de las renovables. Hay que almacenar electricidad para cuando las renovables no trabajen. La electricidad, a diferencia de los combustibles fósiles, es difícil de almacenar. La electricidad es un flujo de energía que debe usarse en el momento en que se genera. Es como el agua que fluye en un río: si no la aprovechas en el momento, se va con la corriente. Almacenar electricidad, que implica convertirla en otra forma de energía, no es fácil.

Comencemos con la primera razón. ¿Qué procesos son difíciles de descarbonizar?

El origen de las emisiones se puede agrupar en cuatro grandes sectores. El transporte, la industria, los inmuebles y el campo. Los cuatro se reparten las emisiones a partes más o menos iguales, y en la transición energética, cada uno tiene sus puntos fuertes y sus debilidades.

Empecemos por el vehículo privado, el modo de transporte más conocido por el gran público. Yo tengo un vehículo eléctrico. Es un gran invento. Desde que me lo compré, la conducción se ha transformado en una experiencia totalmente diferente. El coche eléctrico es increíblemente silencioso, tiene una potente aceleración y se desliza por la carretera con una suavidad que pareces ir volando. Mucha gente se queja de la autonomía, pero para mí, nunca ha sido un problema. Cada noche lo conecto al cargador de casa y está listo para funcionar cada mañana, y en los viajes largos, siempre he encontrado estaciones de carga sin complicaciones. Y lo mejor, el precio por kilómetro. Imbatible. Me encanta conducir vehículos eléctricos. Con todo, en uno de mis últimos viajes a los EE. UU., me ofrecieron un vehículo eléctrico en la oficina de alquiler de coches. Les dije que no. No tenía un cargador en el hotel y no conocía la red de cargadores del estado. «Me encantan los eléctricos», dije, «pero esta vez pasaré». «Lo sé», respondió el encargado, «todo el mundo dice lo mismo».

La transición a los vehículos eléctricos es difícil incluso para los convencidos como yo. La electrificación del sector no es sencilla. Esto es así a pesar de las enormes subvenciones que muchos gobiernos están arrojando al mercado. En primer lugar, es necesario desarrollar una infraestructura de cargadores para los vehículos eléctricos. Hay gasolineras por todas partes, pero no así con los cargadores. Antes de viajar, hay que planificar la recarga a lo largo del camino. En segundo lugar, en muchas regiones del mundo, la mayoría de la gente vive en pisos y aparca sus vehículos en la calle por la noche. Para ellos, no existe la opción de tener un cargador privado en casa, lo que hace que la transición sea casi imposible. Por último, aunque la tecnología de las baterías ha avanzado rápidamente, persiste el problema de una autonomía limitada, los largos tiempos de carga, el peso y el precio. La transición al coche eléctrico es muy prometedora, pero todavía hay muchas cuestiones que faltan por resolver.

Además, la aviación y el transporte marítimo se enfrentan a retos únicos en materia de electrificación debido a sus necesidades de energía de alta densidad. A pesar de los esfuerzos continuos por desarrollar tecnologías libres de carbono por parte de la industria aeroespacial, actualmente ninguna tecnología sirve. La industria naval también está trabajando activamente en la descarbonización. Esta última está explorando combustibles alternativos como el amoniaco u otros derivados del hidrógeno verde, pero en el horizonte no hay tecnología eléctrica para propulsar los grandes buques. La electricidad viaja mal y, en consecuencia, esta sigue siendo un candidato poco prometedor para reemplazar a los combustibles fósiles en el transporte. Por tanto, no es de extrañar que la Administración para la Información sobre la Energía de los Estados Unidos (EIA) prediga que el transporte seguirá representando al menos el 54 % del consumo total mundial de combustibles líquidos en 2050[6.6].

El sector industrial también se encuentra atascado. Imagine que intentáramos suministrar carbón como combustible para un vehículo de gasolina. Simplemente no funcionaría. Lo mismo ocurre con ciertos procesos industriales como la fabricación de acero y cemento, la electricidad no sirve. Estas industrias son intensivas en energía y descarbonizar estos sectores, que dependen en gran medida de los combustibles fósiles, es difícil. Los hornos eléctricos a alta temperatura no acaban de funcionar, y el hidrógeno verde, la alternativa, sigue siendo caro y las cantidades disponibles en el mercado están muy lejos de las necesidades. Por otro lado, fabricar cemento tiene su propia colección de problemas. El verdadero desafío de esta industria radica en la propia reacción química, conocida como calcinación, que produce el 60 % de las emisiones de dióxido de carbono. Este proceso emite grandes cantidades de dióxido de carbono independientemente del tipo de energía utilizada. La electricidad renovable puede hacer muy poco para descarbonizar este proceso.

El sector inmobiliario —residencial y comercial— es una historia diferente. La tecnología está lista, pero la transición no es tan evidente. La nueva tecnología exige la modernización de los edificios existentes y su incorporación obligatoria en los nuevos proyectos de construcción. Además, es necesario superar la típica resistencia al cambio en la naturaleza humana. Por ello, la transición a la energía renovable en este sector, aunque técnicamente factible, avanza lentamente. Personalmente, la caldera de mi casa funciona con diésel, pero no tengo la intención de cambiarla en el corto plazo. Créame, tengo mis razones, y el dinero no es la única.

Por último, la energía renovable tiene un mínimo impacto en las emisiones del sector del campo. La agricultura, la ganadería y los usos forestales representan el 30 %[6.7] de las emisiones de gases de efecto invernadero del mundo, diez veces las emisiones del transporte marítimo y la aviación juntos. En la lucha contra las emisiones, mucho se habla de los aviones, pero poco de los tractores. Rumiantes como vacas y ovejas emiten metano, un potente gas de efecto invernadero. La descomposición en el suelo de los fertilizantes sintéticos genera emisiones de óxidos nitrosos, otro potente gas de efecto invernadero. Una gestión ineficiente del estiércol también emite gases de efecto invernadero. Con la deforestación, cuando se talan los árboles, el carbono almacenado se libera a la atmósfera con la quema o la descomposición de la madera. Más efecto invernadero. En este sector, sin un cambio masivo de nuestra dieta, cualquier avance en energía renovable no se traducirá en una disminución relevante de las emisiones de gases de efecto invernadero.

Una gestión ineficiente del estiércol también emite gases de efecto invernadero.

En resumen, la electricidad se usa principalmente en los sectores residencial, comercial y algo más en el industrial. En estos sectores la transición hacia las renovables es más fácil. Sin embargo, muchos procesos de otros sectores siguen dependiendo de los combustibles fósiles. Lo más preocupante es el sector del transporte y las emisiones generadas por los sectores agrícola, ganadero y forestal. A día de hoy, tienen difícil arreglo. Los responsables de asuntos energéticos del mundo entero están descubriendo que un mayor uso de las energías renovables por el usuario final resulta cada vez más difícil.

También existe la segunda razón: la intermitencia de las renovables.

No hace mucho, conduciendo por las colinas del sur de España con un familiar, vimos un gran parque solar fotovoltaico. En la conversación, surgió la pregunta de por qué los explotadores de la red eléctrica no construyen más parques solares. España es uno de los lugares con más horas de sol de Europa y la energía solar es gratuita. Como ya vimos en el capítulo 4, la respuesta es sencilla: almacenar electricidad a gran escala no es posible y se está convirtiendo en el cuello de botella del sector. En la última década, el precio de la electricidad de las nuevas plantas de energía solar ha disminuido tanto que ahora es el más barato del mercado. Es más, la energía solar se ha vuelto tan competitiva que, a veces, los precios incluso son negativos. Te pagan por usar electricidad. Este es así cuando la producción de electricidad supera la demanda y los operadores se pueden ver obligados a fomentar el consumo de electricidad para proteger la estabilidad de la red. Como ya reseñamos anteriormente, esto suele ocurrir en regiones con una alta penetración de energía solar, como California, Australia o España.

Estos episodios, que no son tan raros, están bloqueando las inversiones en parques solares fotovoltaicos adicionales. No tiene sentido producir más si no se puede aprovechar. Para las empresas explotadoras de la red eléctrica es muy frustrante. No pueden almacenar el exceso de electricidad en las horas valle para alimentar la red durante las horas de alta demanda. El resultado es que la generación de electricidad mediante energía solar puede encontrar pronto su techo, ya que un exceso de producción sin la suficiente demanda puede causar pérdidas financieras irreparables.

A diferencia de las centrales eléctricas alimentadas con combustibles fósiles, las renovables no pueden garantizar una generación de electricidad constante las 24 horas del día, los 7 días de la semana. Es el problema de la intermitencia. La producción de energía eólica depende de las fluctuaciones en la velocidad del viento. No solo es la falta de viento, demasiado viento también puede obligar a parar la producción. La energía solar fotovoltaica obviamente no funciona de noche, pero incluso durante el día, su producción varía debido a los cambios en la intensidad de la luz solar, de la meteorología, así como de la acumulación de polvo o residuos en los paneles. Por último, la disponibilidad de agua según las estaciones del año provoca una variabilidad en la generación de energía de las plantas hidroeléctricas. Esto es especialmente así en las regiones con sequías intermitentes. Las renovables son caprichosas e inconstantes.

La consecuencia es que las redes eléctricas de las economías modernas no pueden depender solo de las energías renovables. Las empresas suministradoras de energía utilizan las energías renovables tanto como pueden (estas son muy competitivas en precio), pero también deben disponer de fuentes de generación de electricidad alternativas. Estas deben garantizar siempre la energía y la estabilidad de la red bajo cualquier condición climática. Por ello, las empresas suministradoras de electricidad dependen en gran medida de la seguridad que proporcionan los combustibles fósiles o las plantas de energía nuclear. Aquellos que tienen paneles fotovoltaicos en los tejados de sus casas saben bien de lo que hablo. Aunque no paguen ni un céntimo por la electricidad, para garantizar la potencia en casa, especialmente por la noche, deben permanecer siempre conectados a la red pública.

QUEBEC. UN CASO DE ESTUDIO

La provincia de Quebec en Canadá ofrece un excelente caso de estudio para ilustrar las limitaciones a las que se enfrenta el avance en el uso de energía renovable. Hay algunas regiones del mundo que ya han alcanzado niveles impresionantes de bajas emisiones. Quebec se encuentra en una posición privilegiada en lo que respecta a la descarbonización de la economía. La provincia se beneficia de una abundancia de energía hidroeléctrica de bajo coste, libre de carbono y limpia. En regiones con abundantes recursos hídricos, como Quebec, las plantas hidroeléctricas proporcionan una forma segura de generar energía eléctrica las 24 horas del día. Además, simplemente abriendo y cerrando compuertas, el operador puede controlar el flujo de agua a través de las turbinas, lo que le permite ajustar la potencia eléctrica generada. Esto es fundamental para garantizar la estabilidad de la red eléctrica.

Esto ha permitido en esta región el desarrollo de industrias con uso intensivo de electricidad y un alto nivel de electrificación en los hogares. Con más de 40 000 megavatios de capacidad hidroeléctrica instalada, Quebec genera el 94 % de la electricidad con plantas hidroeléctricas[6.8]. Otras formas de generación de electricidad también son renovables, como la energía eólica y la biomasa. El resultado es que las emisiones de gases de efecto invernadero derivadas de la generación de electricidad en la provincia son casi nulas.

A pesar de estas impresionantes cifras, más del 50 % del consumo de energía primaria[6.8] todavía proviene de combustibles fósiles, principalmente combustibles líquidos y gas natural. Esto es así porque algunos sectores de la economía —los sospechosos habituales— son realmente difíciles de descarbonizar. El mayor sector consumidor de gasolina y diésel de Quebec es el transporte. El mayor sector consumidor de gas natural es la industria y la manufactura. Combinando el transporte y la industria se generan más de 50 megatoneladas de dióxido de carbono al año. A pesar de disponer de abundante —y constante— energía renovable, las emisiones siguen siendo bastante elevadas. En Quebec se han conseguido extraordinarios avances rápidos, pero será más difícil abordar las emisiones restantes.

Por eso, los actuales líderes de la Unión Europea que aspiran a descarbonizar la economía van a quedarse pronto sin ideas. Hasta ahora, han logrado reducir la dependencia de dos maneras. Siempre que sea posible, la prioridad es utilizar electricidad en lugar de combustibles fósiles. Sin embargo, si la electricidad no es una opción, sus políticas penalizan el uso de carbón y combustibles líquidos, mientras que priorizan el gas natural debido a su menor huella de carbono. Con la tecnología existente, no hay mucho más que puedan hacer. Por ello, es muy poco probable que Europa progrese mucho más en materia de energía renovable en los sectores industrial, comercial y residencial. No es de extrañar, por tanto, que la EIA prevea que los combustibles fósiles seguirán siendo una parte importante del consumo total de energía en 2050[6.6].

En consecuencia, la impresionante reducción de las emisiones de dióxido de carbono que estamos observando en las economías avanzadas no durará mucho tiempo. Se están implementando tecnologías limpias en aquellos sectores en los que es fácil, pero se están posponiendo en los que es más complejo. Más aún, aunque se recurra a las energías renovables para satisfacer la nueva demanda de electricidad, se seguirá necesitando inversiones en una alternativa fiable, como las centrales nucleares, las de gas o incluso las de carbón, para garantizar un suministro continuo de energía eléctrica. Abandonar los combustibles fósiles en todos los sectores de la economía es un reto difícil. Como dirían los franceses, «ils ont mangé leur pain blanc». Se han logrado algunas victorias rápidas. Lo más difícil está por venir.

CONCLUSIÓN

Esto es lo que hemos aprendido en este capítulo. El mito de que la descarbonización se produce a medida que las naciones se enriquecen no es cierto. Hay dos razones principales. En primer lugar, los países ricos están deslocalizando la producción hacia otros países y, por lo tanto, hay una fuga de carbono importante. En segundo lugar, aunque las naciones ricas están sustituyendo los combustibles fósiles por energía baja en carbono, están saboreando las victorias rápidas de la descarbonización. Lo más difícil está aún por llegar.

No se lucha contra el cambio climático reduciendo la intensidad de las emisiones en un rincón de la Tierra. Parafraseando a Jevons, es una confusión de ideas suponer que una reducción en la intensidad de las emisiones (per cápita o por PIB) es equivalente a una reducción de las emisiones en valor absoluto. Esta forma de pensar es un ejercicio de complacencia —o autoengaño— por parte del mundo rico. Para los políticos, los fabricantes y los consumidores, el atractivo del crecimiento sostenible es demasiado fuerte como para cuestionarlo. Pero al clima de la Tierra le importa poco la intensidad o el lugar en donde se generan las emisiones. Lo que importa es el valor absoluto de las emisiones a nivel planetario. Y estas, las emisiones globales, siguen aumentando. La Ley del Incremento de los Residuos es concluyente. Los residuos creados en la Tierra permanecen en la Tierra. Los residuos crecen siempre, unidireccionalmente, en algún sitio. No hay alternativa. ¿O sí la hay?

7. EL PENSAMIENTO PRIMITIVO

«Nada se crea, nada se destruye, todo se transforma».
ANTOINE LAVOISIER, químico

EXPLORADORES DE LA LUNA

El 20 de julio de 1969, la misión Apolo 11 aterrizó en la Luna tras un viaje de cuatro días desde Cabo Kennedy. Neil Armstrong y Edwin «Buzz» Aldrin habían pasado por un angustioso descenso final cuando el ordenador de a bordo se atoró. En ese momento, Armstrong tomó una arriesgada decisión. Cogió el control manual de la nave justo antes de aterrizar. Quedaban solo 50 segundos de combustible cuando finalmente se encendió la luz de contacto con el suelo. Unos segundos más tarde, tras el procedimiento de apagado del motor, la tripulación informó a la Tierra: «Houston, aquí Base Tranquilidad, el Eagle ha aterrizado».

Los dos hombres permanecieron en la nave espacial e intentaron dormir un poco antes de aventurarse al exterior. Cuatro horas después del aterrizaje, el Eagle estaba despresurizado y la tripulación estaba lista para explorar. Armstrong abrió la escotilla del módulo lunar, sacó la mano y... arrojó una bolsa blanca al exterior.

Residuos humanos... ¡Bienvenidos a la Luna!

Los americanos enviaron cinco misiones Apolo más. No solamente se desecharon residuos humanos. Allí se abandonó todo tipo de objetos: módulos lunares de la etapa de descenso, botas espaciales, sistemas portátiles de soporte vital, cámaras, vehículos lunares, generadores de

Los astronautas dejan basura al llegar a la Luna. Los alpinistas no recogen sus residuos cerca de la cima del Everest. Si esto es así, ¿qué harían los extraterrestres si nos visitaran? Probablemente lo mismo: dejar basura.

energía, lectores sísmicos, herramientas para excavar, taladros... hasta algunas pelotas de golf. «Un enorme salto para la humanidad», dijo Armstrong. Las seis misiones Apolo ciertamente fueron un enorme salto para la humanidad. Gracias a estas científicos y el mundo académico comprende hoy mucho mejor la Tierra, la Luna y el sistema solar. Sin embargo, este avance científico tenía un precio: residuos.

No pretendo juzgar ni desprestigiar a Armstrong ni a ningún otro miembro de las misiones Apolo. Esos valientes hicieron lo que tenían que hacer. Las misiones Apolo despegaron de la Tierra con una cantidad limitada de combustible y el objetivo de los astronautas era regresar a casa sanos y salvos con tantas rocas lunares como fuera posible. Por ello, las limitaciones en peso los obligaron a abandonar una gran cantidad de equipos e instrumentos. Pero lo cierto es que las misiones Apolo han dejado una terrible huella en las otrora impolutas colinas de la Luna.

La Luna no es el único caso. Los humanos tiran basura allá por donde vayan. El Himalaya está repleto de toneladas de residuos: latas de comida, embalajes, artículos de plástico, botellas de oxígeno, arneses, mosquetones, cuerdas, cascos, piolets, crampones, residuos humanos... No nos debe extrañar. Por encima de los 6000 metros, debido a los bajos niveles de oxígeno, la salud humana se deteriora rápidamente, y por encima de los 8000 metros, la zona de la muerte, puede ser letal. El mero hecho de recuperar una botella de plástico puede ser una tarea agotadora y potencialmente mortal, por eso no nos debe sorprender que los alpinistas se deshagan de los objetos inútiles. Volver sanos y salvos al campamento base es la prioridad.

Más aún, más de 250 cadáveres, con sus coloridos abrigos para la nieve, botas y equipo de escalada, yacen en las laderas del monte Everest. Se han recuperado muy pocos cuerpos. Es impensable que la gente no haga lo imposible por rescatar a sus compañeros muertos y proporcionarles un entierro digno. Pero eso es lo que ocurre cuando uno se enfrenta a su propia supervivencia. Se les abandona como si fueran un montón de basura.

Los astronautas dejan basura al llegar a la Luna. Los alpinistas no recogen sus residuos cerca de la cima del Everest. Si esto es así, ¿qué harían los extraterrestres si nos visitaran?

Probablemente lo mismo: dejar basura.

Hace muchos años, en una conversación sobre la vida extraterrestre, mi padre me dijo: «Si los extraterrestres nos estuvieran visitando, ya habríamos encontrado algún tipo de residuo extraterrestre». Y añadió: «Cualquier civilización genera residuos, cosas inútiles de las que hay que deshacerse». Al igual que los exploradores de la Luna o los alpinistas del Monte Everest, los extraterrestres habrían dejado residuos. Desde ese día, las palabras de mi padre resuenan en mi cabeza. ¿Es eso cierto? ¿No podemos escapar de la maldición de los residuos?

Según la Oficina de Estadísticas de Transporte de Estados Unidos[7.1], una semana de un crucero con 3000 pasajeros genera 800 000 litros de agua de inodoros y 4 millones de litros de agua de lavabos, duchas y cocinas. También se generan más de 400 litros de diversos productos químicos peligrosos, 8 toneladas de plástico, papel, madera, cartón, latas, vidrio y 100 litros de agua contaminada con hidrocarburos acumulada en el fondo del casco. Para finalizar, debido a que consume 11 000 litros de diésel por hora, sus chimeneas emiten toneladas de dióxido de carbono y otros gases desagradables. Los cruceros producen una enorme cantidad de residuos.

Según Eurostat[7.2], la Unión Europea generó una media de 500 kilogramos per cápita de residuos urbanos en 2020. No es de extrañar que los tres países que más generaron, alrededor de 800 kilogramos per cápita, se encontraban entre los países ricos de la Unión: Austria, Dinamarca y Luxemburgo. Por otro lado, los tres que generaron menos, alrededor de 300 kilogramos per cápita, estaban entre los menos afortunados: Rumanía, Polonia y Estonia. De media, los residuos urbanos de la Unión han aumentado un 8,2 % en los últimos 25 años. Si no se toman medidas, se espera que los residuos sigan aumentando.

Históricamente, las emisiones de dióxido de carbono de origen humano han sido insignificantes, todo cambió con la Revolución Industrial. El uso de combustibles fósiles se incrementó en gran medida desde principios del siglo XX, impulsado por la creciente industrialización, la urbanización y el crecimiento demográfico. Las emisiones se dispararon tras la Segunda Guerra Mundial debido al uso extensivo de automóviles, barcos y aviones, a la deforestación, a la agricultura intensiva y al crecimiento de la industria en todos los sectores. En 1950, el mundo emitía 6 millardos de toneladas de dióxido de carbono. Cuarenta años después, las emisiones se habían más que triplicado hasta alcanzar los 20 millardos de toneladas. Según la Agencia Internacional de la Energía[7.3], en 2023, las emisiones mundiales superaron los 37 millardos de toneladas. Las emisiones globales por consumo de energía siguen aumentando y en 2023 se emitieron 410 millones de toneladas adicionales.

Hay muchos otros residuos sólidos, líquidos o gaseosos que se vierten como desechos en algún lugar sin más. Los combustibles fósiles han permitido la introducción de enormes cantidades de amoníaco artificial en el ciclo del nitrógeno de la Tierra. Los fertilizantes a base de nitrógeno se han convertido en una de las causas principales de desequilibrio ambiental, al menos a nivel local. En todos los países, ricos y pobres, los fertilizantes utilizados en la agricultura son una fuente importante de nitrógeno. Cuando llueve, la escorrentía arrastra estos nutrientes desde los campos hasta las masas de agua cercanas. Cuando los nutrientes ricos en nitrógeno se acumulan en el agua, esto provoca un aumento de algas y bacterias, lo que agota el oxígeno, degradando el medio ambiente y exterminando la vida acuática. Este proceso se llama eutrofización y se está convirtiendo en un verdadero problema para los ecosistemas marinos costeros y de agua dulce de todo el mundo.

La omnipresencia de los residuos es abrumadora. De eso trata este libro. Los residuos son inevitables simplemente porque son el resultado de la Ley del Incremento de los Residuos. El incremento de los residuos es unidireccional y acumulativo. Nunca retrocede. En este capítulo, destruiremos el mito de que los sumideros de residuos no tienen límite.

INTENSIDAD DE LOS RESIDUOS

Antes de la llegada de los europeos, el búfalo norteamericano vagaba por las Grandes Llanuras en enormes manadas de decenas de miles de individuos. Las manadas no eran entidades homogéneas; al contrario, eran poblaciones dinámicas que se dividían, se fusionaban y migraban en respuesta a las condiciones ambientales. El tamaño de cada manada podía fluctuar en función de factores como la disponibilidad de alimentos, de agua, la presión de los depredadores o las condiciones climatológicas. Las enormes manadas de búfalos desempeñaron un papel crucial en la configuración del ecosistema de las

Los expertos estiman que, en su apogeo, la población de búfalos de Norteamérica podría haber llegado a más de 60 millones de individuos. Sin embargo, sus residuos orgánicos tuvieron un efecto insignificante en el territorio porque cubrían vastas áreas entre Estados Unidos y Canadá.

Grandes Llanuras. A través de su pastoreo y su movimiento, afectaban a la evolución de la flora y la composición del suelo. Las manadas de búfalos seguían patrones de migración estacional, desplazándose por las llanuras en busca de alimento y agua. Durante los meses de verano, se reunían en grandes masas en las llanuras del norte. En otras épocas, durante el invierno, se dividían en grupos más pequeños y migraban hacia el sur para escapar de las duras condiciones del norte. Los expertos estiman que, en su apogeo, la población podría haber llegado a más de 60 millones de individuos. Sin embargo, sus residuos orgánicos tuvieron un efecto insignificante en el territorio porque cubrían vastas áreas entre Estados Unidos y Canadá.

Por otro lado, la respuesta de China a su voraz apetito por carne de cerdo son las granjas porcinas en edificios. Estas granjas verticales pueden variar en tamaño, algunas albergan decenas de miles de cerdos. Las granjas suelen ser grandes edificios de varios pisos diseñados para maximizar el espacio y la eficiencia. Los edificios están equipados con sistemas de ventilación, comederos y sistemas que gestionan grandes volúmenes de residuo de origen animal. La gestión adecuada de grandes volúmenes de residuos es esencial para minimizar la contaminación ambiental. Esto puede significar almacenar los residuos en balsas o estanques y utilizarlos como fertilizantes en las tierras agrícolas. Esto es crítico porque el residuo animal, si se gestiona incorrectamente, pueden provocar la contaminación del agua y la eutrofización. Esto fue lo que ocurrió en el lago Washington, pero todavía ocurre en muchos lagos y ríos de todo el mundo.

Las llanuras precolombinas estadounidenses y las granjas chinas en edificios implican enormes cantidades de residuo animal. Al igual que con la energía, el problema de los residuos no radica en la cantidad absoluta, sino en el nivel de intensidad de estos. La naturaleza genera residuos de baja intensidad, ya que tiene que arreglárselas con energía de baja intensidad. Sin embargo, una sociedad que utiliza combustibles fósiles de alta intensidad genera residuos de alta intensidad.

Además, nuestra tecnología nos ha permitido crear materiales sintéticos, como plásticos, tejidos sintéticos, caucho sintético, pesticidas, herbicidas, silicona o kevlar, por nombrar únicamente algunos. La naturaleza no produce estos materiales sintéticos y, en muchos casos, está indefensa ante ellos. La contaminación debido a los plásticos es un problema importante a nivel planetario con graves impactos ambientales, económicos y de salud. En particular, se han encontrado microplásticos en todos los océanos, desde las aguas superficiales hasta los sedimentos de las profundidades marinas. Estos pueden perturbar los ecosistemas, alterando los hábitats y afectando el equilibrio de los entornos marinos.

Una sociedad que consume energía de alta intensidad genera enormes cantidades de residuos. Nada comparado con lo que la naturaleza ha visto antes. ¿Qué hacemos con ellos?

SUMIDEROS SIN LÍMITES

La película *Los dioses deben estar locos* cuenta la historia de Xi, un cazador-recolector bosquimano que vive una vida tradicional en el desierto de Kalahari. La historia comienza cuando una botella de Coca-Cola es arrojada desde un avión que pasa por allí y aterriza intacta en el desierto. La tribu de Xi, que nunca antes había visto un objeto así, supone que la botella es un regalo de los dioses. Al principio, la tribu encuentra múltiples usos para el extraño objeto, sin embargo, con el tiempo, este se convierte en causa de conflictos y celos entre los miembros de la tribu.

Xi decide que la botella, que ahora ven como un objeto maligno que causa discordia, debe ser desechada. Para deshacerse de ella, se embarca en un viaje al fin del mundo. Xi quiere eliminar lo que la comunidad percibe como una fuente de problemas introducidos por el mundo moderno. Tras muchos absurdos y divertidos encuentros con la civilización, Xi llega al Árbol de los Dioses. Es el punto más alto de un acantilado envuelto en una espesa capa de nubes que oculta el paisaje del valle. Convencido de que ha llegado al fin del mundo, Xi tira la botella de Coca-Cola por el acantilado y regresa con su familia. Los problemas de la tribu se han terminado.

Durante milenios, hombres y mujeres han luchado por conseguir comida, agua, leña o cobijo, deshacerse de los residuos nunca fue motivo de preocupación. Al igual que Xi, simplemente tiraban los residuos lejos, fuera del alcance de la vista y después volvían a sus quehaceres diarios. Es lógico, las tribus que consumían energía de baja intensidad solo generaban residuos de baja intensidad. Más aún, nuestros antepasados no fabricaban nuevos materiales sintéticos. El resultado era que los pocos residuos que podían generar eran fácilmente reciclados por los procesos naturales. Todo lo que se arrojaba en el bosque desaparecía en poco tiempo. No nos debe extrañar que a la gente nunca se le hubiera ocurrido pensar que algún día se podrían quedar sin un lugar en donde arrojar sus residuos. Para ellos, el mundo era infinito, sus residuos eran insignificantes y su preocupación por la supervivencia diaria era real y apremiante. Pensar que el deshacerse de la basura pudiera constituir un problema era totalmente inconcebible. Eso equivaldría a que en el siglo XXI nos preocupara que el sol se extinguiese mañana. En todo caso, su única preocupación sería que los desechos son un estorbo maloliente y putrefacto que debe ser descartado lejos de la vista. Por eso, todavía hoy, sigue vigente una idea construida en el pasado: desprenderse de los residuos no es motivo de preocupación. El psicólogo Auguste Comte definió el pensamiento primitivo como un reflejo de una sociedad que no ha evolucionado intelectualmente. Nuestra manera de pensar sobre los residuos es un pensamiento primitivo.

En esencia, hay cuatro tipos de residuos: calor de baja temperatura, residuos sólidos, residuos líquidos y residuos gaseosos. En consecuencia, también hay cuatro tipos de sumideros de residuos: el espacio exterior, el campo, los océanos y la atmósfera.

Diferentes procesos, como las centrales eléctricas, los motores, las reacciones químicas, la resistencia eléctrica, la fricción o las reacciones nucleares, generan calor. Por ejemplo, frotarnos las manos genera calor por fricción. Cuando la diferencia de temperatura con el entorno es demasiado baja, se considera calor de baja temperatura y, como se explica en el capítulo 4, los científicos lo consideran un tipo de residuo. Se denomina calor residual. Ese calor es inútil, ya que no se puede aprovechar para convertirlo en trabajo.

El calor fluye de los sistemas calientes a los fríos a través de diversos mecanismos hasta que se disipa en la atmósfera. Una vez allí, la Tierra evacúa el calor residual al espacio exterior a través de la radiación de onda larga. Dado que el espacio exterior es realmente un sumidero infinito, la idea dominante es correcta y no deberíamos preocuparnos por ello. Así es, en esencia, cómo el planeta Tierra ha regulado su temperatura durante los últimos tres mil quinientos millones de años.

Los otros tres tipos de residuos son otra historia. El planeta Tierra no intercambia materia con el espacio exterior, por lo que cualquier residuo material generado en la Tierra permanece en la Tierra. Los residuos gaseosos, como el dióxido de carbono, se dispersan en la atmósfera. Los residuos sólidos, como los residuos urbanos, se tiran por el campo. Por último, las aguas residuales, como las del saneamiento, se vierten en ríos y lagos y, en última instancia, en los océanos. Esto es, por supuesto, una grosera simplificación. Cada minuto, el equivalente a un camión lleno de plástico se descarga en el océano. O los océanos absorben alrededor del 30 % de las emisiones de dióxido de carbono. De todos, el océano es posiblemente el sumidero por excelencia.

Ríos y lagos fueron los primeros sumideros en colapsar. Esto ocurrió así porque son pequeñas masas de agua y, por tanto, siempre que hubo poblaciones humanas viviendo cerca, los residuos no tardaron en contaminarlos. Los primeros asentamientos en Mesopotamia o el Valle del Indo se establecieron cerca del agua para beber, por higiene y para el transporte. Evidentemente, desde el inicio tuvieron que lidiar con el problema de las aguas residuales. Las primeras civilizaciones no tardaron en desarrollar métodos rudimentarios para gestionar los residuos, tales como simples sistemas de drenaje y saneamiento. Realmente, estos sistemas no trataban las aguas residuales, simplemente transferían el problema a otro lugar. Los romanos usaban los ríos cercanos como una gran alcantarilla para descargar las aguas residuales. La Cloaca Máxima eran un sistema de enormes canales cerrados que llevaban las aguas pluviales, de los baños públicos y del saneamiento al río Tíber en Roma. Obviamente, esto hizo del río una fuente insalubre de agua. Los romanos, lógicamente, se vieron obligados a construir largos acueductos para traer agua fresca desde distantes manantiales o fuentes de agua limpia.

La contaminación del agua comenzó a ser un serio problema con la revolución industrial. La rápida industrialización y urbanización condujo a vertidos enormes de aguas residuales sin tratar en ríos, lagos y océanos. Esta contaminación se agravó durante el siglo XIX y principios del XX, causando problemas ambientales y de salud pública generalizados. Los brotes de enfermedades transmitidas por el agua, como el cólera y la fiebre tifoidea, en ciudades de Europa y Norteamérica impulsaron la construcción de rudimentarias instalaciones de tratamiento de agua. Las primeras mejoras en el tratamiento del agua surgieron con los avances en bacteriología y la identificación de patógenos. Hoy en día, las plantas de tratamiento de aguas residuales modernas combinan procesos físicos, químicos y biológicos que eliminan contaminantes, patógenos y protegen el medio ambiente.

Después de miles de años de libre vertido de residuos en aguas dulces, la conservación del agua se ha convertido en una sincera preocupación. En este sentido, al menos en el mundo rico, se está invirtiendo dinero —y energía— en protegerla. El agua dulce es un recurso limitado y no podemos permitirnos echarla a perder. Este no es así en las regiones pobres del mundo, donde todavía se producen desgarradores desastres ambientales. En muchos lugares del planeta, los vertidos de aguas residuales sin tratar siguen siendo la norma. Dado que las aguas residuales sin control son una fuente de patógenos, las autoridades locales son conscientes de que el saneamiento del agua es una prioridad. Se está trabajando en ello, pero aún no se ha resuelto el problema. La verdad es que no disponen de los medios adecuados. No es de extrañar que uno de los Objetivos de Desarrollo Sostenible de las Naciones Unidas sea garantizar la disponibilidad y la gestión sostenible del agua y el saneamiento para todo el mundo.

Si bien existe una sincera preocupación por el saneamiento de ríos, lagos o estuarios, la contaminación del mar sigue sin ser objeto de preocupación para la mayoría de la gente y los líderes mundiales. El vertido de aguas residuales sin tratar en el océano es habitual en los países en desarrollo, pero lo más preocupante es que incluso ocurre a veces entre las naciones ricas. Además, en la lucha contra las emisiones, algunos sugieren capturar el dióxido de carbono de la atmósfera e inyectarlo en las profundidades del océano para su almacén a largo plazo. Para muchos, los océanos pueden absorber lo que haga falta. El pensamiento primitivo es resiliente. La idea dominante sigue siendo que los océanos son un sumidero de residuos sin límite a pesar de los primeros síntomas, aunque preocupantes, de agotamiento, como la acidificación de los océanos o la contaminación por plásticos.

La gestión de los residuos sólidos también sigue funcionando bajo el paradigma de un mundo ilimitado. Cada año se genera y se tira el equivalente a 15 000 pirámides de Giza hechas de basura. Según el Grupo del Banco Mundial[7.4] el 70 % de esa basura termina en un vertedero incontrolado o en un vertedero municipal. En los países de ingresos bajos, el vertido descontrolado a cielo abierto es lo habitual. Los residuos se tiran en carreteras, campos o vías fluviales y únicamente el 3 % de sus residuos termina en vertederos municipales controlados. El aumentar las tasas de recolección de basura es la preocupación principal de las autoridades municipales en estos países. Su objetivo es evitar vertederos incontrolados. Este es un primer paso,

En los países de ingresos bajos, el vertido descontrolado a cielo abierto es lo habitual. Los residuos se tiran en carreteras, campos o vías fluviales y únicamente el 3 % de sus residuos termina en vertederos municipales controlados.

pero es el primer paso de un pensador primitivo. El resultado es que se sigue primando el ocultar la basura en algún lugar fuera de la vista, pero no el reducir o eliminar los residuos. En pocas palabras, se dedica muy pocos recursos al reciclaje y mucho menos a simplemente reducir residuos. Por ello, no nos debe sorprender que los expertos estimen que se vaya a aumentar la generación de residuos per cápita en un 19 % para 2050[7,4]. Al igual que los océanos, la idea dominante es que la extensión de la Tierra es infinita, y por lo tanto, siempre encontraremos algún sitio en donde esconder la basura.

De los tres, la atmósfera es sin duda el sumidero de mayor tamaño. En términos de volumen es cuatro veces el de todos los océanos juntos. Desde el punto de vista de un individuo mirando al cielo, la atmósfera parece infinita. Por ello, no es de extrañar, que la atmósfera haya sido nuestro vertedero de gases nocivos desde el inicio de los tiempos. Además, el dióxido de carbono es un gas incoloro e inodoro que se dispersa fácilmente en la atmósfera. No se acumula ni se convierte, como la basura o las aguas residuales, en una aberración con un hedor insoportable. El dicho «ojos que no ven, corazón que no siente» es perfectamente aplicable. Dado que la atmósfera contiene solo un 0,04 % de dióxido de carbono, mientras que el 21 % sigue siendo oxígeno, respirar en la Tierra no corre ningún peligro ni lo va a ser. Esto es así, aunque mañana mismo consumiéramos todas las reservas existentes de combustibles fósiles. Por ello, la percepción de que la atmósfera es ilimitada sigue dominando a pesar de las señales de advertencia por parte de los científicos sobre el efecto invernadero desde finales del siglo XIX.

Así pues, aquí es donde nos encontramos. El pensamiento primitivo domina y la eliminación de residuos sigue siendo una cuestión de encontrar un vertedero cómodo y fuera de la vista. En cierto sentido, seguimos siendo cazadores-recolectores, como Xi y su botella de Coca-Cola. Se trata de encontrar un sitio donde deshacernos de nuestros residuos. Nadie, o al menos muy poca gente, cuestiona los límites de la atmósfera, los océanos o la tierra. Esto es así principalmente entre los escépticos del cambio climático, los entusiastas del «que nada cambie» y, por supuesto, los tecno-optimistas. Es una situación bastante desafortunada, ya que, aunque mucha gente piense que los tres sumideros parecen infinitos, los tres son finitos por definición. La Tierra puede ser una enorme canica flotando en el espacio, pero una canica finita después de todo.

La naturaleza ha desarrollado sistemas eficientes para transformar en calor residual todos los residuos producidos por los organismos vivos. Los sistemas de reciclaje de la naturaleza implican una serie de complejos procesos biológicos, químicos y físicos que restauran los residuos y los reintegran en el ecosistema.

DIFERENTES FORMAS DE GESTIONAR LOS RESIDUOS. LA FORMA CORRECTA

La encrucijada de Hércules es una antigua alegoría griega en la que el héroe, Hércules, se encuentra con dos mujeres que representan caminos diferentes en la vida. La primera mujer le ofrece una vida de bienestar, lujo y satisfacción inmediata. Le promete un camino libre de riesgos y lleno de placeres. La segunda le presenta una opción completamente diferente. Le habla de una vida llena de peligros, penurias y esfuerzo continuo. Sin embargo, le asegura que ese camino, aunque doloroso, le aportará el honor, la gloria y el respeto eterno de sus compañeros y las generaciones futuras.

Hércules elige el camino difícil. Se compromete a una vida de excelencia, perseverancia, integridad y cumplimiento del deber. Elige el camino de la virtud. Su elección es un presagio de las grandes hazañas que más tarde realizaría. A la larga, la decisión de Hércules lo conduce a la gloria, que lo convierte en inmortal y lo lleva a ser acogido en el panteón de los dioses. Su decisión en la encrucijada, por lo tanto, no solo tiene que ver con el impacto de una elección inmediata, sino que subraya los efectos perdurables de su legado. La figura legendaria de Hércules ha resistido el paso del tiempo.

A pesar de la Ley del Incremento de los Residuos —el incremento de los residuos es implacable—, la vida ha resistido el paso de 3500 millones de años en la Tierra. ¿Cómo lo ha hecho? En pocas palabras: como Hércules, eligiendo el camino correcto. Básicamente, hay dos maneras de lidiar con los residuos: como lo hace la Naturaleza y como lo hacemos nosotros. La Naturaleza recicla, los humanos desechamos. El camino elegido por la Naturaleza es el camino correcto.

Ya sabemos que la Ley del Incremento de los Residuos exige que cualquier cambio o transformación debe ir acompañado de un incremento de residuos. Sin embargo, en el capítulo 3, vimos que la ley no especifica qué tipo de residuo. Pueden ser residuos materiales o calor residual. También vimos que el planeta Tierra regula sus residuos en dos etapas. Primera etapa, la naturaleza convierte los residuos orgánicos (sólidos, líquidos y gaseosos) en calor residual. Segunda, una vez hecho esto, el calor se evacua al espacio exterior. Así es como lo hace la Naturaleza. Este es el camino correcto.

La naturaleza ha desarrollado sistemas eficientes para transformar en calor residual todos los residuos producidos por los organismos vivos. Los sistemas de reciclaje de la naturaleza implican una serie de complejos procesos biológicos, químicos y físicos que restauran los residuos y los reintegran en el ecosistema. Por ejemplo, las bacterias y los hongos descomponen la materia orgánica en compuestos simples. Este proceso libera de nuevo nutrientes en el suelo que las plantas absorben y utilizan para su crecimiento. A través del proceso de la fotosíntesis, las plantas absorben dióxido de carbono y lo convierten en glucosa y oxígeno. Hay más procesos, como el ciclo del nitrógeno, el del fósforo o el del agua. Todos estos procesos combinados producen la transformación de los residuos orgánicos en sus componentes originales y... calor residual. Cualquiera que esté familiarizado con el compostaje sabe que un montón de materia orgánica en descomposición genera calor, calor residual. Estos procesos, como veremos, requieren energía, por lo que la naturaleza ha reservado para esta tarea una parte de su consumo energético. Este consumo energético no es trivial. De hecho, es bastante importante.

La humanidad ha seguido una estrategia diferente basada en el pensamiento primitivo de nuestros antepasados. Seguimos pensando que la Tierra es un sumidero sin límites. Simplemente preferimos arrojar los residuos lejos fuera de nuestra vista. El reciclaje cuesta energía... o dinero, el vertido de basura es más económico.

A nivel mundial, poco se hace por las emisiones de dióxido de carbono, se recupera el 19 % de los residuos urbanos[7.4] y solo el 56 % de las aguas residuales domésticas[7.5] se tratan antes de verterlas en la naturaleza. Los países ricos, aquellos que presumen de hacerlo mejor que otros, tampoco están cumpliendo. El 100 % de sus emisiones de dióxido de carbono todavía se vierten en la atmósfera y únicamente el 35 % de sus desechos urbanos[7.4] se reciclan o se transforman en abono, el resto se abandona en vertederos o se quema. Los países ricos solo pueden presumir de resultados relativamente buenos con las aguas residuales. Entre el 90 y el 100 % de sus aguas residuales son tratadas de una manera segura, aunque muy pocos países pueden afirmar haber alcanzado el objetivo del tratamiento integral del agua al 100 %[7.5].

En otras palabras, a excepción de algunos ríos y lagos, la libre descarga de residuos continúa en océanos, atmósfera y campos por todo el mundo. El pensamiento primitivo predomina incluso entre las naciones ricas.

CONVERSIÓN DE RESIDUOS MATERIALES
EN CALOR RESIDUAL

Doctor Who, el longevo e icónico programa de televisión británico, describe las aventuras del Doctor, un enigmático alienígena Señor del Tiempo que viaja a través del tiempo y el espacio ayudando a la gente y luchando contra el mal. En sus aventuras viaja utilizando TARDIS, una máquina del tiempo. TARDIS obtiene su energía de varias fuentes avanzadas y a veces misteriosas. La fuente principal de energía para sus viajes en el tiempo es una estrella, el Ojo de la Armonía, que está ubicada en el centro de la red del tiempo.

Extraer energía de una estrella tiene todo el sentido. Cualquier civilización avanzada que se haya desarrollado con éxito requiere de enormes cantidades de energía. Dado que esta demanda de energía excede la energía total disponible en el planeta, es lógico el aprovechar los recursos de su estrella más cercana. Otra forma de obtener energía podría ser utilizar la fusión nuclear. La fusión nuclear es como tener un sol en miniatura en el patio trasero. Es limpia, inagotable y genera una inmensa cantidad de energía. La humanidad no puede decir que sea una civilización avanzada todavía. Nuestra tecnología está lejos de aprovechar los recursos energéticos necesarios para viajar en TARDIS.

Lo que la serie Doctor Who no muestra es que cualquier civilización avanzada, además de energía, debe lidiar con otro acuciante problema: los residuos. Cualquier civilización avanzada tiene que generar enormes cantidades de residuos. Es la Ley del Incremento de los Residuos. Si una civilización llega algún día a viajar en el tiempo y el espacio, primero debe haber aprendido a gestionar adecuadamente todos sus residuos. De lo contrario, después de cientos o miles de años de desarrollo tecnológico, esta civilización se habría sepultado bajo una enorme montaña de basura. La suya.

Por tanto, cualquier civilización avanzada de éxito, antes de colapsar, debe haberse dado cuenta de la necesidad de transformar los residuos materiales en calor residual. De esa manera, los extraterrestres avanzados pueden eliminar el exceso de residuos de su planeta sin violar la Ley del Incremento de Residuos. El calor residual se puede irradiar más tarde al espacio. Esta idea me hizo pensar sobre la conversación que tuve con mi padre. Si los extraterrestres nos hubieran visitado, no habrían dejado residuos «normales» como los exploradores de la Luna. Los extraterrestres avanzados no son pensadores primitivos. Son más avispados. Habrían recogido su basura como buenos scouts, la habrían reciclado, y la habrían convertido en calor residual para después irradiar este al espacio. Esto explica por qué los científicos que buscan vida extraterrestre se pasan las jornadas, con sus grandes instrumentos, buscando rastros de fuentes inusuales de calor residual en nuestra galaxia. Los científicos saben que el calor residual es inevitable.

Toda gran civilización de la historia ha tenido que lidiar con los residuos. Los grandes imperios se construyeron sobre grandes ciudades con grandes poblaciones. La gestión de los residuos se convirtió en un problema ineludible para las poblaciones en crecimiento y, si querían evitar condiciones insalubres, tuvieron que desarrollar sistemas eficientes de evacuación de residuos. Sin estos sistemas, no hubiera sido posible construir un imperio. Si queremos desarrollarnos con éxito y convertirnos en una civilización avanzada que viaje a través del espacio y el tiempo en nuestra propia TARDIS, primero debemos abordar el problema de los residuos. Y no podemos arrojarlos en cualquier sitio. Si lo hacemos, nunca lo lograremos. Verter basura es gratis, pero no es sostenible.

La Ley del Incremento de los Residuos es implacable. Los residuos se acumulan. De forma unidireccional. Solo hay una solución a este rompecabezas. Al igual que cualquier civilización avanzada, debemos reciclar y después evacuar el calor residual hacia el espacio exterior. Sabemos que es posible convertir los residuos materiales en calor residual. Solo necesitamos dedicar recursos energéticos para realizar la faena. ¿Cuánto es la factura? Esto es lo que calcularemos en el siguiente capítulo. Es posible que tengamos que rascarnos el bolsillo.

8. LA FACTURA DE LA LIMPIEZA

«Limpiar es un lujo que oculta el verdadero coste de la desidia».

AUTOR DESCONOCIDO

La película de animación de ciencia ficción *WALL-E. Batallón de Limpieza* muestra a un pequeño robot recolector que tiene que limpiar una Tierra desierta y cubierta de basura. Su rutina diaria consiste en compactar residuos en pequeños cubos y apilarlos ordenadamente, formando imponentes estructuras de basura comprimida. La Tierra, en el siglo XXIX, se ha convertido en un erial lleno de basura. Esto es el resultado de la desidia ambiental causada por el consumismo, la avaricia y la negligencia. No quedan rastros de la humanidad, ya que la megacorporación Buy-n-Large ha trasladado a todo el mundo al espacio en naves espaciales gigantes.

No sé si se tardará cien años o un millón de años, pero este funesto futuro será el destino de la Tierra si no se toman medidas. La Ley del Incremento de los Residuos es concluyente. Los residuos crecen, nunca se reducen. En el capítulo anterior, hemos visto que los sumideros convencionales para ocultar los residuos están alcanzando su límite. Esto ocurre principalmente con las pequeñas masas de agua y la atmósfera. La única solución para eludir las leyes de la física es cambiar nuestra forma de gestionar los residuos. Debemos transformar los residuos materiales en calor residual. En otras palabras, debemos implementar un programa integral de reciclaje de los residuos generados por el hombre. No hay otra opción. Una vez hecho esto, el calor residual se irradia espontáneamente al espacio exterior.

La película de animación de ciencia ficción *WALL-E. Batallón de Limpieza* muestra a un pequeño robot recolector que tiene que limpiar una Tierra desierta y cubierta de basura. Su rutina diaria consiste en compactar residuos en pequeños cubos y apilarlos ordenadamente, formando imponentes estructuras de basura comprimida.

No necesitamos un ejército de robots WALL-E para limpiar nuestra inmundicia —al menos todavía no— pero la faena necesita bastante energía. El reciclaje no es gratis.

Algunos procesos de reciclaje son muy baratos, como el reciclaje de latas de aluminio. Otros son extremadamente costosos, como la captura y reciclaje del dióxido de carbono. El coste energético total del reciclaje de los residuos generados por la actividad humana es lo que evaluaremos en este capítulo. Uno de los mitos que se cuestiona en este libro es que el Sol proporciona suficiente energía como para sustentar nuestro modo de vida. Se pone en duda porque los defensores de este mito utilizan el consumo actual de energía como base para sus cálculos, mientras que pasan por alto que todas las naciones, incluidas las ricas, se desprenden irresponsablemente de sus residuos. El pensamiento primitivo todavía predomina en la gestión de residuos. Pero esa forma de operar ya no es viable. El mundo ha cambiado. La tecnología lo ha cambiado. No podemos esperar que la naturaleza se ocupe de nuestros residuos como en la época de los cazadores-recolectores. Simplemente no funciona. Los procesos energéticos de alta intensidad generan residuos de alta intensidad, y por eso, la tasa a la que generamos residuos supera con creces la capacidad de la naturaleza para reciclarlos. Más aún en el caso de los materiales sintéticos.

Mucha gente puede argumentar que no es posible, que reciclar el 100 % de nuestros residuos es demasiado difícil o costoso. No estoy de acuerdo. La naturaleza lo hace implementando un ejército de bacterias, insectos y carroñeros que descomponen los residuos orgánicos en sus elementos originales. Nosotros debemos hacer lo mismo. Ya lo hacemos con las aguas residuales. El aumento de los residuos es inevitable y alguna medida tendremos que tomar. De lo contrario, si no cambiamos nuestros hábitos, un día estaremos enterrados bajo montañas de residuos generados por el hombre. Los residuos siempre aumentan. Siempre. WALL-E es testigo.

RECICLAJE, UNA LARGA HISTORIA

Según el cronista francés Enguerrand de Monstrelet, el 25 de octubre de 1415, las tropas francesas sufrieron en una dolorosa derrota en la batalla de Agincourt. Esta fue una de muchas batallas de la guerra de los Cien Años. Los ingleses, muy inferiores en número en aquella ocasión, adoptaron una posición defensiva en un campo estrecho y embarrado. La estrategia de los ingleses funcionó a la perfección. Enrique V confió en la lluvia de flechas de sus arqueros para devastar a las filas francesas que intentaban en vano alcanzar el cuerpo a cuerpo. Tras horas de combate, miles de caballeros y soldados yacían muertos en el campo de batalla. Ante un posible contraataque francés, el monarca inglés dio una orden brutal incluso para la época: cientos de prisioneros franceses fueron ejecutados.

Tras la batalla, cientos de soldados y civiles se apresuraron a recuperar espadas, escudos, flechas, armaduras, botas, tiendas de campaña o incluso estandartes, todo valía para algo. En aquella época, debido a la escasez de recursos disponibles, era una práctica común recuperar, no solo objetos en buen estado, sino también telas, maderas o metales. Aquello que no se podía reutilizar directamente se reciclaba. Las telas se remendaban, la madera se utilizaba para la construcción o como leña y los metales se fundían para forjar nuevas armas o utensilios.

Se piensa en el reciclaje como una idea nueva de las sociedades ricas y avanzadas, pero en realidad siempre ha sido una necesidad práctica. En las antiguas civilizaciones, se reciclaba el vidrio, se fundían y reutilizaban metales como el bronce y el oro, y también se utilizaban piezas de cerámica rotas para hacer mosaicos. Muchos monumentos de la antigüedad se construyeron reutilizando materiales sobrantes de otras construcciones. La cisterna de Estambul, un gran edificio del tamaño de una catedral, es una cámara subterránea sostenida por 336 columnas de mármol. Las bases de dos columnas reutilizan unos bloques tallados con la cara de Medusa cuyo origen exacto se desconoce. Se especula que fueron trasladadas desde un edificio cercano de la época romana.

Durante cientos de años, el reciclaje ha sido parte de la vida cotidiana. El trapero fue una figura común en muchas ciudades que recogía ropas, trapos, clavos, utensilios rotos, fragmentos de vidrio, restos de cuero e incluso huesos de animales. Los objetos recolectados los vendían para ser reciclados o reutilizados. El trapero brindaba un servicio esencial al recoger cosas que de otro modo se hubieran desperdiciado. Fue uno de los primeros profesionales informales del reciclaje, antes de que se generalizaran los sistemas de gestión de residuos urbanos.

La conciencia moderna del reciclado comenzó después de la Segunda Guerra Mundial, con un consumo desbordado que provocaba un aumento sin precedentes en la producción de residuos, especialmente con el auge de los productos desechables. Esto hizo que la gente fuera cada vez más consciente de su impacto en el medio ambiente. En esta época surgieron los primeros programas de reciclaje municipales, centrados en materiales como latas de aluminio, papel, vidrio y plásticos. Inicialmente, este reciclaje moderno también se debía a razones económicas. El reciclaje era más barato —consumía menos energía— que la fabricación a partir de materias primas.

Sin embargo, durante la primera parte del siglo XXI, la motivación del reciclaje ha experimentado una profunda transformación. Por primera vez en la historia de la humanidad, el reciclaje no solo se realiza por necesidad económica, sino también debido a los esfuerzos de conservación del medio ambiente. Materiales peligrosos como baterías, aceite usado, pintura, disolventes o desechos electrónicos, por nombrar solo algunos, se reciclan por razones ambientales. Los materiales peligrosos pueden causar enormes daños ambientales. El reciclaje mitiga estos impactos.

El reciclaje del agua merece una mención especial. La evacuación de aguas residuales, a diferencia del reciclaje de residuos sólidos, ha sido una preocupación constante desde el comienzo de las primeras civilizaciones. Esta estaba motivada por el hedor, no por causas económicas. Más aún, en aquel entonces todavía no se comprendía bien la relación entre las enfermedades y las aguas residuales. Las antiguas civilizaciones desarrollaron extensos sistemas de alcantarillado para alejar el hedor de las aguas residuales de los hogares y las grandes ciudades. Estos primitivos sistemas en realidad no reciclaban el agua, solo la evacuaba. Las ciudades se construían cerca de grandes ríos, y estos ríos se convertían en gigantescas alcantarillas a cielo abierto. El medio ambiente era la menor de sus preocupaciones.

Fue durante los siglos XVIII y XIX cuando surgió la conciencia moderna del saneamiento del agua. Hasta entonces, el crecimiento de las aglomeraciones urbanas habían sido caldo de cultivo para las epidemias de cólera y otras enfermedades transmitidas por el agua. Estas eran recurrentes en todo el mundo. El «Gran Hedor» del verano de 1858 fue debido al desbordamiento del río Támesis con aguas residuales sin tratar, agravado por unas temperaturas anormalmente cálidas. Durante años, el río había servido como vertedero para desechos humanos e industriales, ya que la ciudad no contaba con un eficiente sistema de alcantarillado. La situación alcanzó tal punto que se volvió insostenible. El normal desarrollo parlamentario se vio alterado y algunos de sus miembros recurrieron a empapar las cortinas de las oficinas del Palacio de Westminster con cloroformo para enmascarar el olor apestoso que venía del río. Este no fue un incidente aislado. Muchas grandes ciudades europeas, como París, Berlín, Viena o Madrid, experimentaron problemas similares de contaminación del agua y malas condiciones de higiene. Estos sucesos pusieron de relieve la imperiosa necesidad de mejorar la gestión del saneamiento en muchas ciudades y condujo a importantes reformas.

Fue en aquella época cuando los científicos vincularon el cólera con el agua contaminada, lo que impulsó la necesidad de un tratamiento de las aguas residuales para prevenir enfermedades. Es a partir de entonces cuando se desarrollaron las primeras tecnologías avanzadas que permitían el tratamiento eficaz del agua. Hoy, en los países ricos, casi el 100 % de las aguas residuales se tratan por completo antes de ser vertidas de nuevo a la naturaleza.

Impulsado por la escasez de agua, no por cuestiones sanitarias, el tratamiento del agua está yendo un paso más lejos. El programa «Del inodoro al grifo» de California, formalmente conocido como reutilización directa del agua potable, se refiere al proceso de reciclaje de aguas residuales —incluidas las aguas negras— para transformarlas en agua limpia y potable. Esta iniciativa es parte de la estrategia más amplia de California para abordar la escasez de agua. Utiliza tecnologías como la microfiltración, la ósmosis inversa, la desinfección ultravioleta y los procesos avanzados de oxidación. El programa consume una cantidad importante de energía, sin embargo, este proceso es menos intensivo en energía que la desalinización que opera a muy altas presiones. Reciclar agua del inodoro puede parecer repugnante para la mayoría de la gente, pero es así como los astronautas han estado bebiendo en la Estación Espacial Internacional durante años.

Hoy en día, el reciclaje es más el resultado de la preocupación por la conservación del medio ambiente que por una necesidad económica. Se ha convertido en una tarea cotidiana, con puntos limpios de reciclaje en las calles y plantas de tratamiento de agua en muchas ciudades. Más aún, hoy día muchos planes de estudio de los colegios incluyen una formación sobre el reciclaje de residuos. A pesar de todos estos avances significativos, todavía no se reciclan todos los residuos sólidos. Una buena parte se tira sin tratamiento alguno en los vertederos, entre otras cosas, porque muchos materiales simplemente no son reciclables. El plástico etiquetado como tipo 7 no se recicla, ya que tiene composiciones químicas muy diversas. Esto dificulta su procesamiento, por lo que siempre terminan en vertederos o incinerados.

A medida que las actividades humanas generen más residuos —el crecimiento de los residuos es imparable—, en el futuro, la escasez de recursos ya no será el principal impulsor del reciclaje. En cambio, créaselo o no, será la escasez de sitios para ocultarlos. Ya está sucediendo con la protección del agua dulce. Ningún cazador-recolector jamás hubiera pensado, ni siquiera en sus sueños más salvajes, que esto habría de suceder algún día.

COSTE ENERGÉTICO DE REVERTIR UN PROCESO

Justo después de graduarnos en Ingeniería Aeroespacial, un amigo y yo nos fuimos a trabajar a Seattle, donde Boeing, el gran fabricante de aviones, tenía varias líneas de montaje. Como nos estábamos mudando desde fuera de los EE. UU., una de las primeras cosas que tuvimos que hacer fue comprar un coche. Formábamos parte de un programa de intercambio y, por lo tanto, el plan era trabajar en el país únicamente dos años. Por ello, nos pareció que la mejor opción para sobrevivir durante nuestra estancia era comprar un coche barato de segunda mano. Nos fuimos a un concesionario de coches usados en Lake City Way, donde se encuentran muchos concesionarios de automóviles. Mi amigo vio un elegante Buick de ocho años, le gustó, firmó los papeles y pagó gustosamente los 2000 dólares que pedía el concesionario.

Su felicidad no duró mucho, y en menos de una semana, comenzaron unos ruidos extraños debajo del capó. Finalmente, un día, el motor soltó unos petardazos y se paró. Preocupado por la fiabilidad del vehículo, mi amigo consultó con un mecánico que le transmitió la temida noticia: el coche era un montón de chatarra. Totalmente desalentado, regresamos al concesionario con la esperanza de encontrar una solución. Después de algunas negociaciones, el concesionario se ofreció recomprar el vehículo por la mitad del precio pagado. Mi amigo aceptó de inmediato.

Esta bien podría ser la historia de lo que ocurre cuando se revierte un proceso. Sea cual sea la energía invertida, si se revierte un proceso, se recupera menos energía de la inicialmente invertida. Es la Ley del Incremento de los Residuos. Tiene sentido, ya que la ley establece que en cualquier proceso siempre se genera algo de residuo en forma de calor. Eso significa que se perderá algo de energía en forma de calor residual en cada sentido. El resultado es que, una vez que se revierte un proceso, es inevitable que al final quede menos energía.

Esta historia ya nos está anticipando que el proceso de reciclaje de residuos, o revertir residuos a sus componentes originales, va a costar energía. Esto es un aviso a navegantes: nos va a costar un ojo de la cara.

Reciclar no es tan simple como tirar una botella en el contenedor verde. Convertir basura en algo útil requiere mucha energía, y el proceso implica más pasos de lo que parece.

COSTE ENERGÉTICO DEL RECICLAJE DE RESIDUOS

Reciclar no es tan simple como tirar una botella en el contenedor verde. Convertir basura en algo útil requiere mucha energía, y el proceso implica más pasos de lo que parece. En primer lugar, el reciclaje requiere la recolección de materiales reciclables de hogares, empresas e instalaciones industriales. Solo mover cosas de un sitio a otro ya consume energía. En segundo lugar, el reciclaje implica separadores, agitadores o cintas transportadoras para la clasificación mecánica. Estas máquinas también consumen energía. En tercer lugar, muchos materiales deben limpiarse. Hay que quitar restos de alimentos, adhesivos o, como en el caso del papel, eliminar cualquier rastro de tinta. Más energía. ¿Es esto suficiente? Todavía no. Los materiales aún deben reprocesarse. Más energía todavía. En particular, el reciclaje de materiales como metales y vidrio es especialmente intensivo en energía, ya que es necesario triturarlos y fundirlos. Colaborar en el reciclaje de la basura doméstica ayuda, pero es solo el principio, el proceso completo de reciclaje es bastante más complejo. Los procesos intermedios demandan mucha energía.

Las plantas de tratamiento de aguas residuales también consumen energía. No es tan sencillo como abrir el desagüe. La filtración física, que elimina las partículas sólidas, implica equipos mecánicos como bombas y motores para hacer pasar el agua por rejillas y sedimentadores. Las bombas y motores consumen energía. Los sistemas de aireación —una especie de jacuzzi gigante con burbujas— bombean oxígeno para que los microbios descompongan la materia orgánica. Más bombas consumiendo energía. La producción, el transporte y la mezcla de productos químicos también consume energía. Pero esto no es todo. Las plantas de tratamiento, como en todo proceso, generan residuos. Estos deben tratarse y eliminarse adecuadamente. En particular, hay que deshidratar, secar o incinerar los lodos o fangos residuales. Más energía. Para finalizar, por si esto fuera poco, los restos sólidos obtenidos luego deben trasladarse a un vertedero controlado. Un poco más de energía.

El coste energético del saneamiento lo tenemos más asumido. A diferencia de las basuras, la humanidad tiene una larga experiencia con el tratamiento de aguas desde hace siglos. El hedor de las aguas residuales ha sido un excelente estimulante desde épocas lejanas. Además, hoy en día, gobiernos y contribuyentes saben que el saneamiento del agua previene enfermedades. Los impuestos duelen, pero la salud es lo primero.

Como se explicó en el capítulo 6, los franceses utilizan la expresión «*manger son pain blanc*» cuando la gente afronta primero objetivos fáciles y deja los más difíciles para después. Esto es lo que se está haciendo en las sociedades ricas. Sus programas de reciclaje tienen solo como objetivo lo que produce resultados rápidos. El papel, las latas de aluminio y el vidrio son objetivos fáciles, ya que es más barato —y más eficiente— fabricar productos a partir de materiales reciclados que desde cero. Los materiales peligrosos también son objeto de atención, pero esto se debe a razones medioambientales. Su diseminación incontrolada podría causar daños devastadores. Reciclar aguas residuales es innegociable por razones sanitarias. Los residuos orgánicos también se reciclan para hacer compostaje. Es muy sencillo y barato. En realidad, una vez amontonados, la naturaleza lo hace todo. Lo que queda aún pendiente es el resto, los residuos inocuos, en su mayoría sustancias inorgánicas que se encuentran en cualquier cubo de basura doméstico o contenedor industrial. Estas son difíciles de clasificar y reciclar. Los fabricantes serían mucho más escrupulosos con los materiales que utilizan si, además de fabricar, fueran responsables del coste del reciclaje. Si fuera así, simplemente muchos materiales no se usarían. Ahí es donde está el problema. Tal como están las cosas, el 65 % de todos los residuos sólidos acaban amontonados en un vertedero.

En el siguiente capítulo, generaremos un modelo matemático que sea simple y nos permita evaluar si nuestra sociedad puede vivir solo con energía renovable. Para ello, primero debemos evaluar las necesidades de consumo energético para el reciclaje. Dicho de otra manera, debemos estimar el coste de transformar residuos materiales en calor residual. Calcular la cantidad de energía necesaria para un programa de reciclaje integral del 100 % es muy, muy complejo. Esto, que quede claro, sería de Premio Nobel. Para empezar, porque no toda la energía se destina a la fabricación. Por ejemplo, el transporte y la climatización de comercios y viviendas consume energía, pero no generan basuras ni aguas residuales. Además, distintos materiales de desecho requieren distintas necesidades energéticas para su reciclaje. No es lo mismo reciclar plástico que papel. En cualquier caso, hay que mojarse. Según la Ley del Incremento de los Residuos, una cosa es segura: la reconversión de los residuos en sus elementos originales requiere más energía que la utilizada durante la fabricación. La

Administración para la Información sobre la Energía de los Estados Unidos estima que el 35 % de la energía primaria[8.1] se consume en el sector industrial. ¿Cuánto se necesita para el reciclaje?

Mi estimación es que debería ser un 35 % de la energía primaria mundial, la misma energía que el sector industrial, que es el que se dedica a fabricar cosas. ¿Por qué? Por un lado, debería ser bastante más. Como acabamos de ver, revertir cualquier proceso de fabricación requiere más energía que la inicialmente consumida. Sin embargo, por otro lado, no todo lo fabricado necesita ser completamente reciclado. En el sector de la construcción, muchos materiales permanecen en la estructura indefinidamente y no necesitan reciclaje. Otros no se restauran completamente, simplemente se trituran antes de ser reutilizados. Como todo esto es muy complejo, y para simplificar el análisis, lo dejaremos ahí. Como ya se indicó en el capítulo 2, estamos interesados en órdenes de magnitud, no en el número exacto. Por lo tanto, para el reciclaje integral de desechos sólidos y aguas residuales estimaremos que se necesita la misma cantidad de energía que consume el sector industrial. Esto es, la humanidad necesita un 35 % de la energía primaria mundial adicional.

Esto puede parecer mucho, pero está en el mismo orden de magnitud que el que necesita la naturaleza. La naturaleza utiliza un ejército de recolectores y trituradores de desechos, como carroñeros, bacterias y hongos, para descomponer la materia orgánica en compuestos simples. Este proceso libera nutrientes nuevamente al suelo. Solo las bacterias y los hongos representan el 20 % de la biomasa medida en peso de carbono[2.23]. Esta cifra no incluye otras criaturas cruciales como lombrices, gusanos, escarabajos y otros organismos microscópicos menos conocidos. Esto nos da una idea de la enorme cantidad de recursos invertidos por la Naturaleza en este proceso. Nuestra estimación de un 35 % no está tan lejos. Utilizaremos este valor en el siguiente capítulo para determinar si nuestro modo de vida actual es realmente sostenible.

SISTEMA DE RECICLAJE DE DIÓXIDO
DE CARBONO DE LA TIERRA

En el camino a la Luna, dos días después de iniciada la misión Apolo 13, una explosión de oxígeno inutilizó el sistema de soporte vital. Sin oxígeno, los tres astronautas se vieron obligados a trasladarse al Módulo Lunar, que originalmente estaba diseñado para albergar a solo dos astronautas durante menos de dos días. Enseguida, la trayectoria de emergencia de regreso a la Tierra fue objeto de discusión. Después de analizar diferentes opciones, los ingenieros de Houston decidieron que la mejor trayectoria requería cuatro días. Como el Módulo Lunar no estaba diseñado para una tripulación de tres hombres y para un tiempo tan largo, el nivel de dióxido de carbono no tardó en volverse peligroso. El sistema de eliminación de dióxido de carbono se estaba saturando rápidamente, amenazando a la tripulación con envenenamiento. El sistema necesitaba un adaptador.

Los ingenieros en tierra de la NASA se pusieron a trabajar inmediatamente para improvisar el diseño de un adaptador. La solución propuesta utilizaba solo materiales disponibles en la nave espacial: cinta adhesiva, cartón, una manguera e incluso un calcetín. Una vez que los ingenieros lo tuvieron claro, el Centro de Control de Misión envió por radio instrucciones detalladas de fabricación. Los astronautas no podían cometer un error. Solo tenían una oportunidad. Todos en Houston contenían la respiración mientras los astronautas ensamblaban cuidadosamente el adaptador. ¡Funciona! Finalmente, la tripulación podía respirar de nuevo. Lo mismo ocurría en el Centro de Control de Misión en Houston.

La gestión del nivel de dióxido de carbono es vital durante las misiones espaciales. En la Estación Espacial Internacional (ISS), los niveles de dióxido de carbono se controlan cuidadosamente para garantizar que se mantengan muy por debajo del 0,5 %. Niveles más altos podrían provocar problemas de salud como dolores de cabeza, mareos y dificultad para concentrarse. Por esto, uno de los elementos clave de un sistema de soporte vital es el sistema de eliminación de dióxido de carbono. Se trata de un sistema regenerativo que utiliza un proceso químico para capturar las moléculas de dióxido de carbono de la nave. Alrededor de la mitad del dióxido de carbono capturado se recicla a través de un sistema complejo que genera agua y, en última instancia, oxígeno. La otra mitad debe ser expulsada al espacio.

Parte del dióxido de carbono se expulsa y no se recicla, ya que reciclarlo en la ISS es un proceso técnicamente complejo e intensivo en energía. Romper las moléculas de dióxido de carbono es complejo debido a los fuertes enlaces químicos dobles entre los átomos de carbono y oxígeno. Estos enlaces dobles son muy estables y requieren una cantidad importante de energía para romperlos. Romper una molécula de dióxido de carbono es posible mediante un proceso llamado reacción de Sabatier. Sin embargo, hoy en día, implementar un sistema de reciclaje integral sería inviable debido a las necesidades de equipamiento adicional, más espacio y enormes recursos energéticos. La consecuencia es que la ISS desperdicia enormes cantidades de oxígeno al expulsarlo al espacio en forma de moléculas de dióxido de carbono, lo que la obliga a depender de reabastecimientos regulares desde la Tierra. Tal y como están las cosas, este problema representa un gran desafío, junto con el suministro de alimentos, para futuras misiones de larga duración, como ir a Marte.

La naturaleza, por otro lado, ha ideado una forma de reciclar el dióxido de carbono a través del proceso de fotosíntesis. La fotosíntesis puede descomponer moléculas de dióxido de carbono a través de una serie de múltiples y complejas reacciones bioquímicas que involucran enzimas, agua y luz. Durante la fotosíntesis, las moléculas de clorofila absorben la energía de la luz, lo que provoca la división de las moléculas de agua (fotólisis) y la liberación de oxígeno. Los electrones resultantes se utilizan luego para reducir el dióxido de carbono, convirtiéndolo en glucosa a través de una serie de reacciones catalizadas por enzimas conocidas como el ciclo de Calvin.

No debemos subestimar la extraordinaria hazaña lograda por la naturaleza con este proceso. Hasta la fecha, la tecnología no puede replicar directamente la fotosíntesis. Es un proceso bioquímico tan extremadamente complejo que los científicos solo han podido reproducir algunas etapas del mismo. La fotosíntesis artificial, una tecnología diseñada para capturar la luz solar y convertir el dióxido de carbono en combustible, actualmente se encuentra en una etapa experimental lejos de alcanzar la escala y la eficiencia necesarias. Una anotación que merece la pena mencionar: las plantas representan el 82,4 % de la biomasa medida en peso de carbono[2.23], el resto es en su mayoría criaturas vivas que consumen oxígeno. Esto quiere decir que, en la naturaleza, por cada unidad de biomasa que genera dióxido de carbono como residuo, se necesitan 4 unidades de biomasa para reciclar dicho dióxido de carbono. Esto nos da una idea de por qué reciclar el dióxido de carbono generado por los astronautas en la ISS es tan intensivo en energía.

El reciclaje del dióxido de carbono es muy complejo debido a la irreversibilidad de la combustión de la madera o cualquier combustible. Es un proceso unidireccional. Nadie espera que una vez quemada la madera esta vuelva a su estructura original. La conversión espontánea del dióxido de carbono en oxígeno y carbono no ocurre en la naturaleza. Va en contra de la Ley del Incremento de los Residuos. El resultado es que el reciclaje del dióxido de carbono solo se puede lograr invirtiendo energía, y lo más importante, a costa de invertir mucha más energía que la obtenida en la combustión inicial. La Ley del Incremento de los Residuos no perdona. Es por eso que la naturaleza requiere mucha más biomasa generadora de oxígeno —plantas— que consumidora de oxígeno —el resto de la biomasa—.

Basándonos en una grosera comparación con la relación entre generadores y consumidores de oxígeno en la naturaleza, la humanidad necesitaría aproximadamente cuatro veces la demanda actual de energía primaria —en energía renovable— únicamente para reciclar nuestras emisiones de dióxido de carbono. Incluso si la tecnología estuviera lista, esto está absolutamente fuera de nuestro alcance, a menos que se opte por extraer energía libre de carbono con la energía nuclear. Pero eso es otra historia.

Por eso los ingenieros han renunciado a imitar el proceso de fotosíntesis de la naturaleza. Saben que no es posible. La tecnología no está lista y no tenemos, y probablemente nunca tendremos, la enorme cantidad de energía solar que el proceso requeriría a escala planetaria. Los ingenieros hablan solo de capturar y secuestrar el dióxido de carbono. Esto consiste en extraer el dióxido de carbono de la atmósfera y enterrarlo en formaciones geológicas como depósitos agotados de petróleo y gas o en acuíferos salinos. Algo similar a lo que hace la Estación Espacial Internacional, pero, en lugar de expulsarlo al espacio, almacenarlos en las profundidades de la Tierra. En cualquier caso, esta tecnología aún tiene que demostrar que es aplicable a escala planetaria.

Los combustibles fósiles generan dióxido de carbono y su reciclaje es caro. ¿Se podría vivir sin combustibles fósiles o equivalentes?

PRODUCCIÓN DE ALIMENTOS. COMIENDO COMBUSTIBLES FÓSILES

Tengo los suficientes años como para haberme criado sin teléfonos móviles. Nací a mediados de la década de los 60, y en aquella época, la manera de comunicarse era más sencilla. Si se quería ver a los amigos, se cogía el teléfono —un teléfono de dial rotatorio de pared en la cocina de la casa— y se llamaba a los amigos. Teníamos que acordar de antemano una hora y un lugar para encontrarnos. Si alguno de los amigos no estaba en casa, se dejaba un mensaje. Una vez en el lugar de la reunión, si alguien faltaba a la cita, no se sabía lo que había sucedido hasta el día siguiente. No había forma de comunicarse con él.

A medida que pasaron los años, las tecnologías de la comunicación evolucionaron. Hoy, los teléfonos móviles han cambiado, no solo la forma en que nos comunicamos, sino también la forma en que vivimos. Enviamos mensajes de texto, bajamos videos, leemos enciclopedias, consultamos mapas, revisamos nuestros saldos bancarios, subimos historias, hacemos fotos familiares y accedemos a noticias en tiempo real con ellos, por mencionar solamente algunas funcionalidades. La capacidad de hacer llamadas de audio es probablemente la funcionalidad menos utilizada. Los teléfonos móviles han supuesto cambios profundos en nuestro mundo en comparación con los años 60. Sin ellos, ya no podríamos vivir.

La tecnología ha traído muchos más cambios. Tal vez, de entre todos los cambios, la producción de fertilizantes sintéticos es la que ha producido el efecto más importante. En la jerga tecnológica de Silicon Valley sería lo que se denomina un cambio disruptivo. Los fertilizantes basados en nitrógeno han desempeñado un papel fundamental en el espectacular aumento de la producción de alimentos durante el siglo pasado. Alimentar 8000 millones de personas del planeta sería imposible sin ellos. El hambre, por primera vez en la historia, no es motivo de preocupación para la mayoría de la gente. Si fuera necesario, podríamos volver a los teléfonos de dial rotatorio de nuestros hogares, eliminar el aire acondicionado en casa o renunciar al vehículo privado, pero volver a una agricultura sin fertilizantes sintéticos es simplemente imposible. La humanidad está comiendo, metafóricamente, combustibles fósiles.

El proceso Haber-Bosch, a pesar de su invención hace más de un siglo, todavía se utiliza ampliamente para la producción sintética de amoníaco a gran escala. Solo para dar una idea de su relevancia en la sociedad moderna, mientras que la población mundial se ha multiplicado por dos veces y media en los últimos 70 años, en el mismo período, la producción de amoníaco se ha multiplicado por ocho[8.2]. El amoníaco se usa abundantemente para producir fertilizantes nitrogenados, que son fundamentales para sostener la producción de alimentos para la población mundial actual. Además, el amoníaco no solo ha mejorado el rendimiento de los cultivos, sino que también ha permitido la expansión de la ganadería y el aumento radical de la proteína animal en nuestras dietas. El mundo moderno no podría vivir sin amoníaco.

Las materias primas para la síntesis del amoníaco son el nitrógeno y el hidrógeno, que se obtienen del aire y el gas natural, respectivamente. Este proceso se realiza a una presión y una temperatura elevadas y genera una cantidad importante de dióxido de carbono como subproducto. La producción de amoníaco depende absolutamente de los combustibles fósiles. A gran escala, no sabemos generarlo de otra forma. La producción de amoníaco no es el único caso, hay muchos otros procesos y tecnologías industriales que no pueden prescindir de los combustibles fósiles o su equivalente. Si dependiéramos al 100 % de la energía solar, necesitaríamos fabricar un sustituto o combustible sintético para estos procesos. No hay otra alternativa. ¿Cuál sería el coste energético de su fabricación?

COSTE ENERGÉTICO DE LA FABRICACIÓN
DE COMBUSTIBLE SINTÉTICO

El reciclaje del dióxido de carbono para la producción de combustible sintético es un proceso de dos etapas. Primero, el dióxido de carbono debe ser capturado. Segundo, debe ser separado en sus elementos originales. No hay más remedio que luchar contra la Ley del Incremento de los Residuos en ambas etapas, lo que significa que se debe invertir mucha energía en el proceso.

¿Dónde está Wally? es una popular serie de libros de entretenimiento para niños creada por el ilustrador británico Martin Handford. Los libros son conocidos por sus detalladas ilustraciones llenas de personas y actividades. El objetivo principal es encontrar a un personaje llamado Wally, fácilmente reconocible por su camisa de rayas rojas y blancas, su gorro con pompón y sus gafas. Wally suele estar ingeniosamente oculto entre la multitud, entre muchos otros personajes, lo que lo hace difícil de encontrar. Capturar las moléculas de dióxido de carbono es como encontrar a Wally, todo un reto. El dióxido de carbono está diluido en la atmósfera. Es como encontrar un Wally entre 2500 personajes.

El primer obstáculo para capturar las emisiones de dióxido de carbono es extraer el dióxido de carbono disperso en el aire y concentrarlo en un depósito. Este proceso se llama depuración. La depuración del dióxido de carbono en procesos industriales, como las centrales eléctricas o las fábricas, requiere energía para accionar bombas, compresores y sistemas de calefacción para capturar, separar, transportar y descargar el gas en lugares de almacenamiento. Se trata de un proceso que consume mucha energía. Mucha. Lógicamente, si tuviéramos que capturar el dióxido de carbono directamente de la atmósfera, dado que el gas está mucho más diluido, requeriría más energía aún que si se extrae sin más de un conducto de extracción.

La cantidad de energía adicional necesaria solo para esta operación es difícil de estimar debido a la variabilidad de las plantas industriales que emiten dióxido de carbono. Además, también existen diferentes tecnologías de depuración. Según el Grupo Intergubernamental de Expertos sobre el Cambio Climático[8.3], una central eléctrica equipada con un sistema de depuración requeriría alrededor de un 40 % más de energía que una planta equivalente sin el sistema.

Este es únicamente el primer paso. Una vez capturado el dióxido de carbono, se necesita energía adicional para la segunda etapa del proceso: romper la molécula. Romper una molécula de dióxido de carbono es como abrir una nuez. Las nueces tienen una cáscara muy dura. Ya sea con un cascanueces o simplemente con las manos, se necesita una cantidad importante de esfuerzo físico —o energía— para romper la cáscara. Los elementos del dióxido de carbono también están unidos por fuertes enlaces. Se necesita mucha energía para romperlos.

Deshacer una molécula de dióxido de carbono para fabricar combustibles sintéticos es el equivalente artificial de la fotosíntesis. Este proceso se llama Potencia-a-Líquido (PtL por sus siglas en inglés). PtL convierte la energía eléctrica, de fuentes renovables, en combustibles como hidrógeno o hidrocarburos sintéticos como metano, gasolina o queroseno. La industria se refiere a ellos como electro-combustibles. PtL generalmente implica dos etapas. La primera etapa utiliza energía eléctrica para dividir las moléculas de agua en hidrógeno y oxígeno. El gas de hidrógeno producido se puede utilizar directamente como combustible verde o, alternativamente, se puede procesar en una segunda fase, junto con dióxido de carbono capturado, para producir combustibles líquidos más complejos. Dependiendo del proceso específico y de los catalizadores utilizados, se obtienen diferentes combustibles sintéticos.

En el mejor de los casos, la eficiencia de combinar los procesos de capturar dióxido de carbono y convertirlo en electro-combustible es alrededor del 30 %[8.4]. En términos más simples, para producir 1 kW·h de electro-combustible, se necesitaría tres veces esa cantidad en energía renovable. Esto es como invertir 3000 € en bonos y que te devuelvan solo 1000 €. En el argot financiero esos bonos se denominarían bonos-basura.

Una vez más, esta baja eficiencia no debería sorprendernos. Es la Ley del Incremento de los Residuos. Cualquier proceso genera residuos. La conversión de energía de un tipo a otro siempre genera residuos, calor residual. Como referencia, como ya vimos, por cada unidad de biomasa que produce residuos de dióxido de carbono, la naturaleza despliega 4 unidades de biomasa —o plantas— para reciclarlo. En términos prácticos, ambas eficiencias de conversión de energía, la de la humanidad y la de la naturaleza, son del mismo orden de magnitud. Bastante pobres, por cierto.

CONCLUSIÓN

Los residuos crecen. Siempre. Nunca retroceden. En este capítulo, hemos estimado lo que realmente se necesitaría para ser sostenible. Se trata del coste energético de convertir nuestros residuos en calor residual. Necesitaríamos alrededor de un 35 % más de energía para reciclar los residuos sólidos y las aguas residuales. Adicionalmente, también se necesitaría tres veces más energía para fabricar combustibles sintéticos a partir del dióxido de carbono reciclado. Estas cifras pueden parecer exageradas, pero basándonos en una comparación con el peso en carbono, podemos estimar que la naturaleza utiliza al menos un 20 % más de energía para el reciclaje de residuos sólidos y aguas residuales, y cuatro veces más para reciclar el dióxido de carbono. Comparativamente hablando, las necesidades de energía para el reciclaje de la naturaleza y la humanidad son del mismo orden de magnitud.

No debería sorprendernos que la naturaleza y la humanidad consuman cantidades de energía similares para reciclar residuos. Después de todo, ambos deben cumplir con la misma Ley del Incremento de los Residuos. Dedicar energía para el reciclaje no puede ser opcional. De lo contrario, la Ley del Incremento de los Residuos nos llevará tarde o temprano a un mundo cubierto de basura como el de WALL-E. La Naturaleza ya no puede realizar el trabajo sucio por nosotros. Las civilizaciones avanzadas deben afrontar el problema de los residuos y limpiar. Tal como lo hace la naturaleza. Eso requerirá mucha energía. Mucha. No hay otra solución. En el siguiente capítulo, veremos si esto es posible solo con energía renovable. Prepárese para lo peor.

9. EL MUNDO NO ES SUFICIENTE

«Si los cálculos indican que la estructura
no soporta la carga... afila el lápiz».

INGENIERO DE CÁLCULO DE ESTRUCTURAS

Hace unos 4500 años, bajo el reinado del faraón Keops, se construyó en Egipto la Gran Pirámide de Giza. Se calcula que se tardó 20 años en construir la colosal estructura de más de 2,3 millones de bloques de piedra caliza, algunos de los cuales pesan hasta 80 toneladas. El peso total de la estructura se estima en unos 6 millones de toneladas[9.1] y, originalmente, alcanzaba una altura de casi 150 metros. Es difícil estimar toda la energía invertida en el proyecto: desde cortar los bloques en la cantera, cincelar cada bloque a la perfección, transportarlos hasta el lugar de construcción y, finalmente, levantarlos y ensamblarlos. Solo la energía potencial gravitatoria acumulada al elevar todos los bloques a su ubicación final es de más de 800 000 kW·h. Durante un período de 20 años, aquellos antiguos trabajadores egipcios invirtieron más de 20 000 kW·h al año de puro músculo solo en levantar bloques gigantescos.

A modo de comparación, como vimos en el capítulo 2, solo en su primera etapa, el cohete Saturno V quemó 7,5 millones de kW·h en menos de dos minutos.

La diferencia de intensidad energética entre estas dos sociedades es asombrosa. Hoy en día, podemos quemar en dos minutos lo que en el antiguo Egipto habría llevado 400 años; el segundo, utilizando energías renovables y el primero, combustibles fósiles. En este capítulo, analizaremos si la intensidad energética del mundo moderno es posible únicamente con energías renovables. Para ello, utilizaremos estimaciones aproximadas. Así es como funciona.

Hoy en día, podemos quemar en dos minutos lo que en el antiguo Egipto habría llevado 400 años; el segundo, utilizando energías renovables y el primero, combustibles fósiles.

ESTIMACIONES APROXIMADAS

Siendo un ingeniero junior, cuando trabajaba en el diseño de un nuevo avión, me enfrenté al típico problema de cualquier proyecto en sus inicios. Tenía que realizar unos cálculos, pero no tenía los datos de partida con los que trabajar. Esto era así porque mis colegas, los que debían proporcionarme los datos, también se encontraban en la fase inicial del diseño y, lógicamente, no habían tenido tiempo de calcularlos. Estaba totalmente bloqueado y no sabía cómo avanzar. Fui con el problema a ver a mi jefe, y me dio la solución de inmediato. La historia del «Número de afinadores de pianos en Chicago».

En ingeniería, cuando nos enfrentamos a un problema para el que hay pocos o ningún dato, podemos hacer un buen cálculo aproximado, descomponiendo el problema en partes más pequeñas y manejables y haciendo suposiciones razonables o fundamentadas. He aquí un ejemplo de cómo se podría abordar:

¿Cuántos afinadores de pianos hay en Chicago?

Se empieza por suponer que el número de personas que viven en Chicago es de unos 3 millones de personas. Si el tamaño medio de los hogares es de unas 3 personas, entonces hay aproximadamente 1 millón de hogares. A continuación, calculamos el porcentaje de hogares que poseen un piano. Supongamos que 1 de cada 20 hogares tiene un piano. Por lo tanto, hay aproximadamente 50 000 pianos. Supongamos entonces que un afinador de pianos puede afinar 4 pianos al día y trabaja 250 días al año. Por tanto, un afinador puede dar servicio a 1000 pianos al año. Para reparar 50 000 pianos, se necesitarían 50 afinadores de piano (50 000 pianos/1000 pianos por afinador al año).

Por lo tanto, desglosando el problema y haciendo estimaciones razonables, se podría concluir que hay alrededor de unos 50 afinadores de piano en Chicago. No se trata de calcular el número exacto, sino en obtener un orden de magnitud, una estimación aproximada. En este caso, se puede estimar que puede haber entre 20 y 100 afinadores. Más aún, el resultado nos indica que ciertamente no deberíamos esperar ni 2 ni 1000 afinadores de piano en Chicago.

Basándonos en este método, ahora abordaremos la cuestión de si la tecnología puede transformar la radiación solar entrante en energía útil para satisfacer las necesidades de la humanidad. Veremos también si nuestra tecnología es más eficiente transformando energía que la naturaleza. Para ello, como hicimos con los afinadores de pianos de Chicago, vamos a construir un modelo simplificado. La simplificación nos permite simular la compleja dinámica entre la generación y el consumo de energía. La simplicidad del modelo puede ser criticada, y lo acepto, pero precisamente ahí está la gracia. El modelo no pretende reproducir las complejidades de un problema multiparamétrico y no lineal, lleno de interacciones y fórmulas complejas, con algunas certezas y repleto de incógnitas. Ningún equipo de científicos laureados con el premio Nobel sería capaz de generar un modelo único, y mucho menos ponerse de acuerdo sobre él. Solo pretendo ofrecer una estimación aproximada de lo que se puede, y sobre todo, de lo que no se puede esperar de la energía solar.

Un último comentario: un modelo simple siempre ofrece una inestimable ventaja, se puede entender y seguir. De por sí, eso ya vale su peso en oro.

SUPERFICIE DISPONIBLE PARA LA CAPTURA DE ENERGÍA

En primer lugar, evaluaremos cuánta superficie de la Tierra se puede utilizar para la captura de energía. Los océanos cubren el 71 % de la superficie del planeta y el 29 % restante es tierra. La fotosíntesis marina desempeña un papel crucial en el ciclo del carbono de la Tierra. Al igual que las plantas terrestres, los organismos fotosintéticos marinos utilizan la luz solar para producir compuestos orgánicos y oxígeno. El principal organismo fotosintético de los océanos es el fitoplancton, que flota cerca de la superficie del océano. Estos organismos son responsables de una parte importante de la producción de oxígeno en la Tierra, que se estima que es alrededor del 50 % del total producido. La fotosíntesis marina forma la base de la cadena alimenticia oceánica, proporcionando nutrientes y energía a una amplia variedad de organismos marinos, incluidos zooplancton, peces y otros depredadores más grandes.

En otras palabras, la naturaleza puede extraer energía de toda la superficie del planeta, incluidos los océanos. Nuestra tecnología no puede, al menos, no a gran escala.

La tecnología para la captura de radiación solar está instalada principalmente en tierra firme. Básicamente, se trata de paneles fotovoltaicos, colectores termosolares, aerogeneradores, plantas de biocombustibles y centrales hidroeléctricas. Aunque hay parques eólicos marinos, estos están ubicados cerca de la costa para garantizar la conexión a la red eléctrica terrestre. Es así ya que el tendido de cables submarinos puede ser técnicamente complejo y costoso. Lo mismo se podría decir de las plantas de energía mareomotriz. Deben estar cerca de la costa para aprovechar las bahías y ensenadas estrechas. Sin embargo, en la medida en que es técnicamente viable capturar energía cerca de la costa, vamos a agregar esta superficie marina a nuestro modelo.

Medir la longitud total de la costa del mundo es complejo debido a su naturaleza intrincada e irregular. Sin embargo, los expertos estiman que esta longitud es de unos 356 000 km[9.2]. Los molinos aerogeneradores marinos se ubican a varios kilómetros mar adentro, generalmente hasta 50 kilómetros de la costa. Por lo tanto, el potencial de captura de energía en los océanos nos proporciona una superficie adicional de 17 800 000 km^2.

Así pues, si se suma la superficie terrestre del planeta y la superficie oceánica a menos de 50 kilómetros desde la costa, en términos de superficie disponible para la captura de energía solar, se obtiene alrededor de: 167 millones de km^2 de superficie disponible para la captura de energía solar

Aparentemente hay millones de kilómetros cuadrados disponibles en el planeta que pueden ser utilizados. No tantos. El hombre ya está utilizando el 35 % de la tierra disponible[9.3] y el otro 65 % está cubierto por bosques, matorrales, desiertos, glaciares y pequeñas masas de agua. Si restamos la tierra reservada para la agricultura, el desarrollo urbano, las edificaciones y cualquier tipo de superficie inútil para la captura de energía solar, como los glaciares, la tierra disponible restante es de aproximadamente el 53 % de la tierra total. Por lo tanto:

$$53 \text{ \% x } 167 \text{ millones de km}^2 = 88 \text{ millones de km}^2$$

Así, la superficie disponible para la captura de energía solar, incluyendo bosques, matorrales y zonas áridas como desiertos, dunas o salares, es de 88 millones de km^2. Aparentemente, parece que hay suficiente superficie para instalar bastantes sistemas solares. La siguiente pregunta es: ¿cuánta energía se necesita?

NECESIDADES ENERGÉTICAS DE LA HUMANIDAD

Mi esposa y yo, como algunas personas en algún momento de sus vidas, decidimos realizar lo que se suponía iba a ser una pequeña reforma en nuestra casa. Todos sabemos que las reformas del hogar, una vez que empiezan, rápidamente se descontrolan y terminan costando mucho más de lo inicialmente presupuestado. Esto fue lo que nos ocurrió. En aquella época, teníamos un sótano enorme, abierto y sin apenas utilizar. El plan inicial era simplemente agregar un baño al sótano, pero como suele suceder en estas reformas, una cosa llevó a la otra. Terminamos dividiendo el sótano en una habitación de invitados con baño en suite, un lavadero, un cuarto de televisión y juegos y un trastero. Como era de esperar, nos gastamos el doble del presupuesto inicial.

Sabiendo que este tipo de cosas suceden, trataremos de estimar cuánta energía primaria necesita el mundo. Estimar la energía primaria que se necesita requiere algunas suposiciones para simplificar el modelo. La primera suposición es que consideraremos el escenario del estado-del-arte actual, en otras palabras, solo se considerarán las tecnologías existentes. Para que el modelo sea coherente, también se considerará únicamente la población y el nivel de consumo energético actuales.

No obstante, y a riesgo de caer en la trampa de la reforma de mi casa, haré dos modificaciones que considero necesarias. En primer lugar, hay un aumento continuo del consumo energético debido a que millones de personas salen de la pobreza en todo el mundo. Esto es una excelente noticia. Si queremos evaluar si la humanidad podrá algún día pasarse a las energías renovables al 100 %, debemos asumir que vivimos en un mundo justo para todos. Por lo tanto, el modelo asumirá que toda la humanidad alcanza un nivel de consumo energético similar a la media europea. No creo que vaya a suceder pronto, pero es una tendencia imparable y algún día ocurrirá.

En segundo lugar, el modelo energético debe incorporar la energía para el reciclaje de los residuos. La Ley del Incremento de los Residuos es implacable. Los residuos siempre crecen, nunca retroceden. No podemos seguir actuando como si los océanos, el campo o la atmósfera son sumideros de residuos sin límite. No lo son. El pensamiento primitivo debe erradicarse. Y para siempre. Si queremos disfrutar de una vida de alta intensidad energética, debemos ocuparnos de los residuos de alta intensidad que genera nuestra tecnología. Eso significa dedicar energía para reciclar, como lo hace la naturaleza. De lo contrario, las generaciones futuras se encontrarán viviendo en una gran canica azul llena de basura.

Alguien puede argumentar que es muy probable que, en los próximos años, los nuevos desarrollos tecnológicos aumenten la eficiencia de la producción de energías renovables, y que se debería incluir en el modelo. Este es un argumento válido, pero si fuera así, también se debería incluir el crecimiento del consumo de energía debido al aumento de la población mundial y del nivel de vida de las naciones ricas. Demasiado complicado. Para simplificar el modelo, al evaluar la capacidad de vivir solo con energía renovable, se supondrá la población actual, la capacidad de generación de energía actual, el consumo de energía de un mundo equitativo y un programa de reciclaje de residuos del 100 %.

El consumo de energía primaria actual es de alrededor de 179 000[9.4] TW·h por año. Según mis cálculos, para alcanzar el estándar europeo medio, las necesidades mundiales de energía primaria deberían ser 2,5 veces superiores a los niveles actuales de consumo. Por lo tanto:

$$2,5 \times 179\ 000 \text{ TW·h} = 447\ 500 \text{ TW·h}$$

Esto significa que la energía primaria que consumiría el mundo sería de unos 450 000 TW·h si todo el mundo tuviera el nivel de vida de Europa.

Además, como vimos en el capítulo anterior, la verdadera «sostenibilidad» significa que reciclamos el 100 % de los residuos urbanos (no más vertederos) y tratamos el 100 % de las aguas residuales (no más aguas residuales sin tratar en los océanos). En el capítulo anterior, estimamos que sería necesario un 35 % más de la cantidad de energía.

$$450\ 000 \text{ TW·h} + 0,35 \times 450\ 000 \text{ TW·h} = 600\ 000 \text{ TW·h}$$

Por lo tanto, la energía primaria que consumiría el mundo sería de 600 000 TW·h si todo el mundo tuviera el nivel de vida de Europa y existiera un programa integral al 100 % de reciclaje de residuos.

Hay un problema adicional. En el capítulo 4 vimos que la electricidad, aunque es un tipo excelente de energía, no es la panacea. El almacenamiento de electricidad no está solucionado y ciertas industrias tienen dificultades en reemplazar los combustibles fósiles. En consecuencia, no es realista pensar que toda la electricidad producida sea utilizada directamente por el consumidor. Hoy en día, en todo el mundo, solo un 10 % de la energía primaria proviene de la energía renovable. En algunas regiones del mundo, como Quebec, casi el 50 % de su energía proviene de centrales hidroeléctricas u otras fuentes renovables. En otras, como España, aunque hay días que se alcanza el 100 % de la producción de electricidad a partir de fuentes renovables, en particular la eólica y la fotovoltaica, las renovables aún representan menos del 20 % del consumo total de energía primaria. Esto es así porque la energía eólica y la fotovoltaica en España no son tan constantes como la energía hidroeléctrica en Quebec. Hay muchos días sin viento, sequías ocasionales y una puesta de Sol todos los días en España. Es el problema de la intermitencia. España depende de los combustibles fósiles para generar electricidad cuando las renovables no están disponibles. La situación hidroeléctrica de Quebec, única y privilegiada por sus abundantes recursos hídricos, es extraordinaria, pero no es lo normal. Por ello, para nuestros cálculos, se supondrá el caso de España como el estándar.

En consecuencia, supondremos que solo el 20 % de la electricidad puede ser utilizada directamente por el usuario final, y el 80 % restante debe almacenarse en forma de energía química. Esta energía química puede utilizarse posteriormente por las industrias que no pueden sustituir a los combustibles fósiles o para cubrir la generación intermitente de energías renovables. Como ya vimos, el proceso de conversión de electricidad en energía química se denomina Potencia-a-Líquido (PtL).

En el capítulo anterior, estimamos que el proceso PtL requiere 3,3 kW·h de energía renovable para fabricar 1 kW·h de electro-combustible o similar. Por lo tanto, considerando que el 20 % de la electricidad es consumida directamente por el usuario final y el 80 % restante debe convertirse en electro-combustibles, la tasa de conversión total es de 2,8. En otras palabras, para generar electro-combustibles a partir de electricidad renovable, se necesita 2,8 veces la energía primaria consumida. Por lo tanto:

$$2,8 \times 600\,000 \text{ TW·h} = 1,7 \text{ millones de TW·h}$$

En conclusión, hemos estimado que las necesidades de energía primaria del mundo rondan unos 1,7 millones de TW·h al año. Esta cifra es diez veces el consumo energético mundial actual. Alguien puede argumentar que, como en el caso de mi proyecto de renovación del sótano, me estoy pasando de la raya. Puede ser, pero esta es la energía que se necesitaría si todo el mundo tuviera el nivel de vida medio de Europa, un programa de reciclaje integral de residuos y se fabricara suficiente electro-combustible a partir de energía renovable para aquellos sectores que no pueden operar directamente con electricidad o cubrir la intermitencia de la energía solar.

Si queremos demostrar que es posible vivir solo con energías renovables, no se debería cuestionar estos supuestos. Nuestro modelo energético debe respaldar un mundo equitativo y eliminar el pensamiento primitivo a la hora de gestionar los residuos. Esto resolvería muchos problemas, entre ellos, el de millones de personas que abandonan sus países de origen en busca de una vida mejor o el problema de la polución que crece sin cesar. Esta es la energía que necesitamos, ¿cuánta energía renovable se puede capturar?

CAPTURA DE ENERGÍA RENOVABLE

Hace muchos años, un amigo mío estaba organizando su boda en un fabuloso palacete que pertenecía a su familia. El palacete era un edificio impresionante en la zona antigua de la ciudad, con un hermoso jardín y un gran salón. Para mi amigo y su futura esposa, era el lugar perfecto para una magnífica celebración. Entusiasmados por convertirlo en un evento inolvidable, invitaron a todos sus conocidos: familiares, amigos, compañeros de trabajo e incluso parientes lejanos que no veían desde hacía tiempo. La lista de invitados en poco tiempo se descontroló. Finalmente, cuando se sentaron con la empresa de catering y les mostraron el edificio y el número de invitados, el experimentado encargado del cáterin les hizo saber rápidamente que la capacidad del palacete no era tan infinita como pensaban. O reducían el número de invitados o buscaban un lugar más grande.

En esta situación nos encontramos ahora con el problema de la captura de energía renovable. Hasta ahora hemos calculado las necesidades energéticas primarias de la humanidad. Ahora tenemos que calcular nuestra capacidad para generar energía a partir de fuentes renovables y ver si, como hizo el encargado del catering de la boda de mi amigo, hay suficiente espacio en el planeta. Veamos si es posible.

Existen muchas formas de captar energía renovable. La energía solar directa se capta mediante tecnologías como los paneles fotovoltaicos o los colectores termosolares. Los primeros convierten la energía directamente en electricidad mediante el uso de semiconductores cuando se exponen a la luz solar. Los segundos, los colectores termosolares, absorben la luz solar y la convierten en energía térmica, que puede utilizarse para calentar agua, calentar espacios o generar electricidad mediante turbinas.

Por otro lado, la energía solar indirecta se dispersa a través de procesos naturales en el planeta y se obtiene de forma indirecta. El 23 % de la energía entrante del Sol se consume en la evaporación del agua, que después de condensarse, regresa en forma de lluvia y luego se acumula en los ríos. Parte de esa energía se captura mediante presas de centrales hidroeléctricas. Otro 1 % se convierte en energía cinética en forma de masas de aire en movimiento y corrientes oceánicas. Los parques eólicos capturan esta energía cinética mediante aerogeneradores distribuidos por extensas áreas. La energía de la biomasa también se puede obtener indirectamente del Sol. La biomasa puede ser leña, pellets de madera o biocombustibles de maíz, caña de azúcar o soja. También existen otras fuentes de energía renovable no solares, como la geotermia o las mareas oceánicas.

En su libro «Densidad energética. La clave para entender las fuentes de energía y sus usos», Vaclav Smil analiza la densidad energética de todos los tipos de fuentes de energía: combustibles fósiles, energía nuclear, geotermia, biomasa y renovables. Smil define la densidad energética como la cantidad de energía generada por unidad de superficie terrestre. Esta relación es fundamental para evaluar la escalabilidad, la eficiencia y el impacto ambiental de las diferentes fuentes y tecnologías de transformación de energía. Smil sostiene que son esenciales altas densidades energéticas para satisfacer las demandas energéticas de la sociedad moderna, al tiempo que se minimiza el uso de la superficie terrestre y la degradación ambiental. Su principal preocupación es la baja densidad de la energía solar, ya que limita gravemente la capacidad de la humanidad para utilizarla. Recordemos que la energía solar, aunque enorme en cantidad, está finamente dispersa sobre la superficie del planeta, al igual que el ejemplo del millón de monedas de un euro. Consecuentemente, la humanidad necesita primero concentrarla y luego transferirla hasta donde se necesite, principalmente a ciudades y áreas industriales.

Vaclav identifica los parques fotovoltaicos como los más prometedores en términos de maximizar la energía capturada por unidad de superficie y la viabilidad de su implementación a gran escala. Esto no significa que recomiende solo invertir en tecnología fotovoltaica. Al contrario, Vaclav aboga por la combinación adecuada de sistemas renovables. Es evidente que, en algunos lugares del norte de Alemania, los aerogeneradores son la forma más eficiente de capturar energía renovable, o que los tejados con paneles fotovoltaicos pueden ser la mejor apuesta en desarrollos urbanos como Atenas o Casablanca, o que las centrales hidroeléctricas son la mejor opción para Noruega o Quebec, o la geotermia es la mejor para Islandia. En cada lugar, se debe utilizar la tecnología más adecuada.

Sin embargo, dado que, entre todos los sistemas de energía renovable, los parques fotovoltaicos producen más energía eléctrica por superficie de terreno que cualquier otro, elegiremos el sistema fotovoltaico como sustituto —o sistema equivalente— para homogeneizar todas las tecnologías. Como se ha indicado antes, estamos construyendo un modelo simplificado que nos permita simular la dinámica compleja de la generación de energía. El utilizar los parques fotovoltaicos nos encaja perfectamente como sustituto de todos los demás sistemas solares.

¿CUÁNTA ENERGÍA PODEMOS CAPTURAR CON PANELES FOTOVOLTAICOS?

En un documental sobre un campo de refugiados de una ciudad devastada por la guerra, unos trabajadores humanitarios finalmente recibieron un envío de verduras para alimentar a miles de familias desplazadas. Los voluntarios se apresuraron a preparar la comida, ansiosos por servir una comida caliente. Sin embargo, cuando empezaron a cortar las verduras, enseguida se dieron cuenta de que muchas estaban magulladas, pasadas o dañadas durante el transporte. Tuvieron que descartar grandes cantidades y, lo que se suponía que sería suficiente comida para todos, se redujo rápidamente. Tenían un problema.

En el contexto de la producción de alimentos, la merma se refiere a la parte de los alimentos que se pierde durante las etapas de preparación, procesamiento o manipulación. Esto puede incluir peladuras, recortes, alimentos en mal estado o cualquier parte de los ingredientes crudos que no termina en el plato final. Las mermas —o residuos— son simplemente la consecuencia de la Ley del Incremento de los Residuos. El desperdicio de alimentos es inevitable.

Los paneles solares también están sujetos a esta ley. La eficiencia de los paneles solares normalmente se clasifica en términos de conversión perfecta durante las horas de mayor radiación. La tasa típica de conversión de energía de un panel fotovoltaico comercial estándar está entre el 15 % y el 20 %. Sin embargo, el rendimiento real está por debajo de la capacidad máxima de conversión debido a las nubes, la orientación deficiente durante algunas horas, la acumulación de suciedad, escorias, excrementos de pájaros, temperatura subóptima, tiempo de parada por mantenimiento o cualquier otra molestia. Además de los terrenos para los propios paneles, los parques fotovoltaicos también necesitan terreno adicional para mantenimiento, caminos de acceso, evitar el sombreado y los sistemas necesarios para la conexión a la red. En consecuencia, Smil estima una eficiencia de conversión en la vida real de aproximadamente el 8 %[9.5] para los parques fotovoltaicos.

Por otro lado, como vimos en el capítulo 2, la energía máxima media que podemos capturar en la superficie es de unos 1640 kW·h por metro cuadrado al año. Si aplicamos a esta cifra la estimación de eficiencia de Smil, se obtiene:

$$8 \% \times 1640 \ kW{\cdot}h/m^2 = 131 \ kW{\cdot}h/m^2$$

Si convertimos la cifra anterior a TW·h y kilómetros cuadrados, esto es como convertir dólares estadounidenses a euros, se obtiene:

$$131 \ kW{\cdot}h/m^2 = 0{,}131 \ TW{\cdot}h/km^2$$

obtenemos que 0,131 TW·h/km² es la energía que podríamos esperar capturar con paneles fotovoltaicos —o sistemas de energía renovable equivalentes— a lo largo de un año. ¿Es esto suficiente?

La tasa típica de conversión de energía de un panel fotovoltaico comercial estándar está entre el 15 % y el 20 %. Sin embargo, el rendimiento real está por debajo de la capacidad máxima de conversión debido a las nubes, la orientación deficiente durante algunas horas, la acumulación de suciedad, escorias, excrementos de pájaros, temperatura subóptima, tiempo de parada por mantenimiento o cualquier otra molestia.

NECESIDADES DE TERRENO

En este punto es cuando podemos evaluar si el palacete es lo suficientemente grande como para acomodar la lista de invitados de la boda de mi amigo. Para que todo el mundo pueda disfrutar del nivel de vida de Europa, que se haya implantado un programa de reciclaje de residuos del 100 %, y con suficiente electro-combustible generado a partir de energía renovable para los sectores que no pueden funcionar con electricidad y para cubrir la intermitencia de las renovables, la humanidad necesitaría 13 millones de km²:

$$1{,}7 \text{ millones TW·h} \div 0{,}131 \text{ TW·h/km}^2 = 13 \text{ millones km}^2$$

Esto es, son las necesidades de energía primaria de la humanidad (tal como se calcularon anteriormente), divididas por la energía que podemos esperar capturar con sistemas de energía renovable durante el transcurso de un año.

Como dijimos al principio de este capítulo, este modelo solo nos da una estimación aproximada. No se pretende afirmar que se haya obtenido el número exacto de kilómetros cuadrados necesarios, pero este número nos da un orden de magnitud. En otras palabras, este método nos dice que es muy probable que la humanidad pueda necesitar entre 4 y 40 millones de km² para satisfacer sus necesidades de energía primaria utilizando solo fuentes renovables.

¿ES VIABLE?

Es muy poco probable. En primer lugar, 13 millones de km² es una superficie enorme. Imaginemos el equivalente a la mitad del continente africano cubierto de dispositivos de captura de energía solar. Su viabilidad logística y material es imposible. Los terrenos urbanos, las infraestructuras y las construcciones debidas a la actividad humana representan 1,5 millones de km² de tierra habitable[9.3]. Esto es lo que la humanidad ha conquistado en 4000 años de civilización. Ahora estamos hablando de desarrollar 8 o 9 veces esta superficie en poco más de una década. El ritmo de crecimiento de la superficie construida debido a la actividad humana durante los últimos 100 años ha sido de alrededor del 1,6 %[9.3] anual. A ese ritmo de crecimiento, la humanidad necesitaría, en circunstancias normales, 140 años para transformar 13 millones de km² de terrenos vírgenes en proyectos relacionados con la energía solar. Y esto suponiendo que tengamos todos los recursos necesarios (financieros, materiales, energéticos y humanos) para el movimiento de tierras, la construcción de carreteras, la modernización de la red eléctrica, la extracción de materias primas y la fabricación e instalación de sistemas solares. No parece factible.

En segundo lugar, para cubrir estas necesidades de superficie se necesitarían territorios como el desierto del Sahara, con todas sus incertidumbres geopolíticas. Por razones de seguridad energética nacional, no se puede trasladar la captura de energía a rincones remotos de la Tierra. Por lo tanto, es de esperar que estos sistemas solares estén cerca de las casas de la gente en todos los países. Imagínese vastas extensiones de terreno cubiertas de paneles solares y aerogeneradores, como si fueran cultivos sinfín de trigo o maíz. Estados Unidos necesitaría dedicar una décima parte de su territorio a la captura de energía solar. La Unión Europea necesitaría al menos el 15 % de su superficie.

En tercer lugar, como la superficie es tan grande y se va a instalar cerca de nuestras casas, la gente se va a resistir. Es la tendencia humana a oponerse a cualquier nuevo proyecto, ecológico o no. La energía renovable, como acabamos de ver, requiere terreno, grandes parcelas de terreno. La gente se opondrá debido al impacto visual y la contaminación acústica que perturbará sus vidas. Es la actitud de «no junto a mi casa». Más aún, muchos municipios objetarán el impacto en la vida silvestre, la destrucción del hábitat y los conflictos con los ecosistemas, particularmente en áreas rurales o paisajes naturales pintorescos. A diferencia de los combustibles fósiles o la energía nuclear, las energías renovables demandan una gran cantidad de terreno.

Si bien los requisitos de superficie pueden parecer enormes y desproporcionados, no debería sorprendernos. La naturaleza, para capturar una cantidad de energía del mismo orden de magnitud (1,2 millones de TW·h), necesita de toda la superficie del planeta. Como ya explicamos en el capítulo 4, capturar y aprovechar la energía solar es muy difícil, ya que está muy dispersa y la calidad de esta energía no es la mejor.

Esta enorme superficie es necesaria porque, además de capturar suficiente energía solar para satisfacer el consumo energético diario (incluido el almacenamiento necesario para cubrir las intermitencias), debemos acometer el reciclaje de residuos. El reciclaje de residuos requiere una gran cantidad de energía. No podemos seguir arrojando nuestros desechos sólidos, líquidos o gaseosos al medio ambiente como si los sumideros de residuos fueran infinitos. Necesitamos invertir recursos energéticos para limpiar, como lo hace la naturaleza. Como ya vimos en el capítulo 8, la naturaleza dedica cantidades ingentes de recursos para descomponer los residuos orgánicos en sus elementos originales. Si no lo hubiera hecho, el planeta Tierra se habría convertido en un enorme montón de residuos hace millones de años. Es la Ley del Incremento de los Residuos.

¿Qué sería factible? Sugiero que, en el mejor de los casos, se podría dedicar para la captura de energía renovable, el equivalente a la superficie urbana construida actual. En otras palabras, dentro de 25 años, se podría dedicar 1,5 millones de km², o la vigésima parte de la superficie de África, a dispositivos de captura de energía renovable. Para satisfacer estas necesidades de captura de energía, se necesitaría desarrollar terrenos a un ritmo de un 3 % anual. Se trata de un crecimiento enorme del desarrollo, el doble de lo que la humanidad ha logrado durante los últimos 100 años, pero es posible. Estados Unidos necesitaría una superficie equivalente a la del Estado de Carolina del Sur para sistemas de captura de energía renovable. La Unión Europea necesitaría una superficie equivalente a la de Bélgica. Es un gran reto, pero parece factible.

CONCLUSIÓN

Al igual que con la boda de mi amigo, en este capítulo hemos visto que el palacete de las renovables no es lo suficientemente grande para todos los invitados de la lista. En el próximo capítulo, examinaremos posibles estrategias para alinear nuestra economía a las leyes de la física. Exploraremos cómo aumentar la energía primaria disponible y cómo reducir el consumo de energía por el usuario final. Prepárese, porque va a ser doloroso.

10. SUBIENDO EL MONTE MIJAS

«El mundo tiene suficiente para las necesidades de todos,
pero no lo suficiente para la codicia de todos».

MAHATMA GANDHI, abogado y político

Bajo el gobierno del shogunato Tokugawa, Japón había seguido una política de aislamiento durante más de dos siglos. Estaba prácticamente aislado del resto del mundo, con un acceso limitado a China, Corea y los holandeses en Nagasaki. El shogunato había prohibido la entrada a la mayoría de los extranjeros y organizado la sociedad japonesa bajo un rígido sistema de clases feudales que mantenía la paz social. Este aislamiento mantuvo al país en paz y estable, pero lo dejó técnica y militarmente por detrás de las potencias occidentales.

En 1853, el capitán Matthew Perry de la Armada de los Estados Unidos llegó a Japón con una flota de barcos, exigiendo que se abrieran sus puertas al comercio. La corte del shogunato no sabía cómo responder a las implícitas, pero claras, amenazas. Después de una vacilación inicial, las autoridades japonesas finalmente cedieron. La diplomacia del cañón seguida por Perry había resultado efectiva. Los barcos demostraron la vulnerabilidad de Japón ante las potencias extranjeras, y los japoneses firmaron un tratado comercial que abría sus puertos a los estadounidenses. A esto le siguieron más tratados con otras potencias mundiales.

La amenaza existencial que planteaba el imperialismo occidental supuso el colapso del shogunato y condujo a la restauración del antiguo régimen diez años después. Los nuevos líderes querían evitar el destino colonial de sus vecinos asiáticos. Bajo el liderazgo del nuevo emperador Meji, Japón se embarcó en profundos cambios en la estructura social y política y adoptó un programa de modernización rápido e integral. El gobierno y su pueblo adoptaron las nuevas ideas occidentales y su moderna tecnología. Estos cambios radicales permitieron a Japón no solo sobrevivir, sino también emerger como una gran potencia a principios del siglo xx. La derrota de Rusia en la guerra rusojaponesa en 1905 sorprendió al mundo occidental. En menos de 50 años, Japón había pasado de ser una sociedad agrícola feudal a una potencia imperial industrial.

Este es un ejemplo formidable de una civilización que reconoce la necesidad de efectuar reformas radicales para sobrevivir en un mundo que cambia rápidamente. Era cambiar o ser conquistado. En la actualidad, la humanidad se encuentra en la misma encrucijada con las emisiones: o cambio climático o energía limpia. En este capítulo, exploraremos qué cambios serían necesarios para la transición hacia una economía libre en carbono. Tendremos que decidir si queremos aferrarnos al orden social feudal del régimen de Tokugawa o abrazar el doloroso camino del cambio del nuevo emperador Meji.

A veces hay que efectuar reformas radicales para sobrevivir en un mundo que cambia rápidamente. Era cambiar o ser conquistado. En la actualidad, la humanidad se encuentra en la misma encrucijada con las emisiones: o cambio climático o energía limpia.

LA TRAGEDIA DE LOS COMUNES

Los expertos saben que el problema de las emisiones es el típico caso de la Tragedia de los Comunes. La Tragedia de los Comunes se popularizó con el ecologista Garret Hardin en 1968. Hardin subrayó un dilema crítico en la gestión de los recursos y la sostenibilidad. La Tragedia de los Comunes ocurre cuando los individuos, actuando en su propio interés, abusan y agotan los recursos compartidos, lo que en última instancia conduce al detrimento de toda la comunidad.

Históricamente, los comunes en Inglaterra usaban tierras donde los miembros de la comunidad compartían derechos de pastoreo. En esta situación, los beneficios de una oveja adicional eran íntegramente individuales, pero los costes —el pastoreo excesivo de los terrenos comunales— eran compartidos por todos. Dado que todos los pastores buscaban el beneficio personal, y razonaban de la misma manera, al final, el número de ovejas aumentaba. Esto trajo como resultado un pastoreo excesivo de los terrenos comunales y los pastos se degradaron. La historia ilustra cómo las decisiones racionales de cada individuo pueden conducir a la desgracia colectiva.

La sobreexplotación de los recursos comunes no es inevitable, pero a menudo ocurre antes de que se consiga la autorregulación de la comunidad mediante algún tipo de acuerdo. La contaminación de masas de agua, como el lago Washington, se utiliza a menudo como otro ejemplo de la Tragedia de los Comunes. El lago Washington era el típico caso de un sumidero de residuos sobreutilizado en el que todos libremente tiraban basuras y vertían aguas residuales. La contaminación continuó hasta que las autoridades impusieron estrictas regulaciones para todos. Obviamente, la clave para eliminar con éxito la Tragedia de los Comunes es disponer de los medios para hacer cumplir la regulación. De lo contrario, es inútil.

Este es exactamente el punto en el que nos encontramos con el problema de las emisiones de gases de efecto invernadero y la contaminación en general. Las decisiones racionales de cada individuo están agotando recursos comunes, como son los sumideros de residuos. Puede que haya suficientes reservas de combustibles fósiles, pero no hay suficiente atmósfera para absorber todo el dióxido de carbono sin consecuencias colaterales como el cambio climático.

Hay dos diferencias importantes que hacen que este asunto sea mucho más complejo de resolver que el del lago Washington. Primero, el dióxido de carbono es un gas inodoro e incoloro, por lo tanto, la gente no percibe de primera mano las consecuencias de la contaminación. No ocurre lo mismo con las pequeñas masas de agua, donde las algas putrefactas y los peces muertos hacen que la polución sea evidente para todos. Con el calentamiento global, las cosas son diferentes. El calentamiento global no es percibido por el individuo común en su vida diaria y, en consecuencia, muchas personas están convencidas de que los científicos simplemente están equivocados. Además, incluso entre los convencidos, no hay una sensación de peligro inminente. El problema bien podría resolverse mañana.

La otra diferencia es que las emisiones son un problema planetario. En otros casos, la gente tenía que lidiar con la polución a nivel local y podía unirse y cooperar para encontrar una solución. Los problemas locales son mucho más fáciles de resolver. Los problemas globales son extremadamente difíciles. La naturaleza global de las emisiones de gases de efecto invernadero hace que la Tragedia de los Comunes sea difícil de detener. En este caso, no hay un organismo gubernamental que pueda hacer cumplir las normas para todos. Muchos tratados internacionales se han firmado —e ignorado— por los mismos gobiernos que presumen de ser ecológicos. Hay gobiernos que ni siquiera se molestan en firmarlos. Al menos estos últimos son honestos.

No tengo ninguna duda de que se alcanzará un acuerdo de colaboración a nivel global en algún momento. La cuestión es cuánto tendremos que acercarnos al precipicio antes de tomar medidas serias. Hasta ahora, incluso entre los ecologistas convencidos, ha sido únicamente un eco-lavado de imagen. No debería extrañarnos, nadie quiere renunciar a las ventajas que trae consigo el estilo de vida moderno, yo incluido.

RESTRICCIONES DE LA LIBERTAD

En sus primeros versos, la canción *Telegraph Road* de Dire Straits ofrece un fugaz relato de los primeros asentamientos de pioneros en América. La canción comienza así: «Hace mucho tiempo llegó un hombre por un sendero caminando treinta millas con un saco a la espalda. Y dejó su carga donde pensó que era el mejor sitio. Hizo un hogar en la naturaleza. Construyó una cabaña y un almacén de invierno, y aró la tierra junto a la fría orilla del lago. Y llegaron otros viajeros...». La canción continúa más adelante: «... luego vinieron las iglesias, luego vinieron las escuelas, luego vinieron los abogados, y luego vinieron las reglas...».

Este es en esencia el mensaje que quiero transmitir: si estás solo, puedes hacer lo que quieras, pero cuando vives con otros, las reglas son necesarias. En la época de la conquista del oeste americano, no había normas urbanísticas, ni permisos de construcción, ni controles del saneamiento o eliminación de residuos. La gente podía construir su cabaña donde quisiera y arrojar sus residuos donde les venía en gana. Pero cuando no estamos solos, se tienen que imponer restricciones a la libertad, y las restricciones o las normas rara vez son bien recibidas.

Siempre que las reglas cambian, hay ganadores y perdedores, y los perdedores, normalmente, salen a las calles a protestar. Cuando se percibe que las nuevas regulaciones aumentan los costes, reducen la rentabilidad, crean una desventaja competitiva o simplemente causan alguna molestia, la gente expresa una fuerte oposición. La respuesta es NO. Esto es especialmente así cuando afectan a políticas ambientales con beneficios poco tangibles y a largo plazo. Sin embargo, con el tiempo, industrias e individuos se acaban adaptando a las normas y la gente encuentra formas de cumplir y minimizar las perturbaciones.

¿Por qué se necesita ahora una nueva regulación?

La capacidad de los sumideros convencionales de residuos, como la atmósfera, está en cuestión. La Ley del Incremento de los Residuos es implacable. Los residuos crecen, nunca retroceden. El agotamiento de los sumideros requiere un nuevo enfoque, valiente y transformador. Un enfoque audaz. Propongo cambiar las normas y restringir el consumo de energía. De manera similar a cómo se aplica la veda en la caza para proteger a los animales salvajes. El derroche de energía debido a ciertas actividades realizadas por millones de personas en el mundo rico requiere una seria regulación. En estos tiempos de emergencia, el despilfarro de energía es brutal. Absurdo. Algunos incluso se embarcan en viajes turísticos al espacio exterior con un extravagante consumo energético.

Lo sé. La idea no tiene ninguna posibilidad. Estoy abogando por imponer restricciones al consumo de energía. Presagio fuerte oposición e incluso tumultos en su contra. Sin embargo, no tema, con formación, práctica y toma de conciencia de las ventajas, se acaba aceptando los cambios. El punto de referencia cambiante rema a nuestro favor.

El punto de referencia cambiante se aplica a todos los campos. Mi padre y mi tío jugaban al fútbol en la calle porque apenas había vehículos en su época, solo dos en todo el barrio. Si por casualidad alguno de ellos aparecía, se desplazaban las improvisadas porterías y se volvían a colocar una vez el coche se había ido. Hoy en día, esto sería inviable.

El punto de referencia cambiante se refiere al fenómeno en el que nuestra percepción de lo que es «normal» cambia con el tiempo. El término fue popularizado por los ecologistas en referencia al declive de los caladeros marinos. Las antiguas generaciones de pescadores pueden recordar una época en la que las poblaciones de peces eran abundantes y grandes. Sin embargo, a medida que avanza la sobrepesca, las poblaciones de peces y su tamaño promedio disminuyen. El resultado es que los pescadores más jóvenes, que nunca experimentaron el pasado más abundante, perciben el actual estado degradado de los caladeros como normal. Por lo tanto, cada generación ajusta sus expectativas en función de la nueva normalidad, en lugar de la referencia histórica original más rica.

El punto de referencia cambiante se aplica a todos los campos. Mi padre y mi tío jugaban al fútbol en la calle porque apenas había vehículos en su época, solo dos en todo el barrio. Si por casualidad alguno de ellos aparecía, se desplazaban las improvisadas porterías y se volvían a colocar una vez el coche se había ido. Hoy en día, esto sería inviable. Los coches pasan constantemente y aparcar es casi imposible. Los niños van al campo de fútbol municipal y juegan con porterías de verdad, redes bien ajustadas y césped natural recién cortado. Esta es la nueva normalidad.

El punto de referencia cambiante también se aplica a la legislación. Con el tiempo, la gente va asimilando el cambio gradual de normas o reglas aceptadas. Debido a la falta de experiencia o memoria del pasado, a lo largo de generaciones, la gente tiende a aceptar el estado actual de las reglas como «lo normal». Incluso los liberales más fanáticos defensores de un gobierno de mínimos no aceptarían dejar que la gente vertiera las aguas residuales en cualquier sitio. Tampoco permitirían que la gente se deshiciera de la basura doméstica a voluntad, ni que las industrias químicas emitieran libremente gases tóxicos en la atmósfera. Los amantes de la libertad no aceptarían tampoco volver a la ausencia de regulación de los primeros pioneros de América. Vaciar el contenido de los orinales por la ventana, como era costumbre en las antiguas ciudades de la Edad Media, ha desaparecido para siempre. Los criterios de regulación de residuos han cambiado en el pasado y, no nos engañemos, volverán a cambiar en el futuro.

Ha llegado el momento de cambiar las normas e imponer cuotas al consumo de energía.

CUOTAS

Comer en compañía, conocido como comensalía, es parte crucial de la interacción social humana. A lo largo de la historia y en diferentes culturas, compartir la comida ha sido parte fundamental en la forja de relaciones y el fomento del sentido de comunidad. Las cenas familiares son un excelente ejemplo de cómo comer juntos une a las personas. Compartir comidas en casa es una de las prácticas más básicas que enseña a los niños habilidades sociales. En cualquier cena familiar, o en cualquier comida, no nos peleamos por coger tanta comida como podamos. La comida se divide cuidadosamente de manera equitativa, para que todos tengan una porción justa. Cada cena de Navidad, boda o cumpleaños, establecemos cuotas de alimentos. Nadie se queda fuera. Las cuotas, a pesar de la connotación negativa para muchos, son parte integral de nuestra vida cotidiana. En este apartado, vamos a hablar de cuotas, cuotas de energía.

En el capítulo 5, abordamos el tema de la eficiencia del consumo energético. Como vimos, hay un fuerte consenso entre los académicos de que la eficiencia energética, en ausencia de cualquier restricción, genera un efecto rebote y, al final, impulsa el consumo de energía. Sin embargo, muchos estudios también muestran que la aplicación de restricciones estrictas al consumo podría hacer que la eficiencia funcione. La idea es aplicar políticas energéticas efectivas que compensen el efecto rebote de la eficiencia.

Los gobiernos tradicionalmente recurren a diferentes estrategias para frenar el consumo cuando lo consideran necesario. Una vía poco intrusiva es realizar campañas de concienciación pública. La idea es educar a la gente sobre los peligros o desventajas de ciertos productos o servicios. También es habitual limitar las ventas al aplicar impuestos especiales y subir los precios de productos como el tabaco, los licores o las bebidas azucaradas. En el caso del agua o la electricidad, es bastante común aplicar precios por tramos. El objetivo es ofrecer un precio asequible para los productos básicos mientras el consumo individual es moderado, pero aumentar el precio para los consumidores irresponsables. Finalmente, también se implementan prohibiciones directas a la producción, venta o uso de ciertos productos, como ocurre con las drogas o productos peligrosos como el amianto. Muy a menudo, se utiliza una combinación de estos métodos para lograr el consumo deseado.

Yo abogaría por medidas drásticas como el racionamiento o las cuotas. Esta es la única manera de garantizar que se cumplan objetivos de consumo energético. El racionamiento o las cuotas son muy impopulares, ya que atentan gravemente contra la libertad del individuo, pero no son una idea novedosa. En tiempos de guerra o de crisis, es habitual utilizar las cuotas como métodos para controlar la distribución de recursos limitados. La idea es garantizar un reparto justo de los mismos.

Las cuotas también se imponen en tiempos de paz. Durante graves sequías, las regiones afectadas como California o el sur de España deben imponer cuotas de consumo de agua para garantizar un consumo sostenible. Estas cuotas limitan la cantidad de agua que se pueden utilizar en hogares y cultivos. Muchos países también utilizan cuotas a la pesca para gestionar sus caladeros y proteger especies en peligro de extinción. La Política Agrícola Común de la Unión Europea utiliza cuotas lácteas para controlar la producción lechera. Se supone que las cuotas equilibran los intereses económicos con la necesidad de conservar recursos escasos o regular un mercado. Lógicamente, intereses contrapuestos de diferentes grupos hacen que a menudo sea difícil llegar a un consenso. Además, no se puede descartar que algún tramposo encuentre la forma de saltarse las reglas o explotar una laguna regulatoria para obtener una ventaja competitiva. Por eso, es fundamental contar con una organización que pueda vigilar y garantizar el cumplimiento de las normas por todos.

En lo que se refiere al consumo de energía o las emisiones, las cuotas no son nada nuevo, aunque también son impopulares. Por ejemplo, la cantidad total de gases de efecto invernadero que pueden emitir centrales eléctricas, fábricas y otras instalaciones está limitado a través del Sistema de Comercio de Emisiones de la Unión Europea. Las empresas reciben derechos de emisión que se pueden comprar y vender, lo que, en la práctica, ha creado un sistema de cuotas para las emisiones de carbono. Este mercado de emisiones está lejos de ser perfecto. No se ha aplicado a todos los sectores ni a todas las fuentes de emisiones. En consecuencia, en algunos sectores se sigue emitiendo sin restricciones. Más preocupante aún es que, según los expertos, el sistema conduce al fenómeno de la fuga de carbono, en el que bastantes industrias se relocalizan en países con un entorno regulatorio menos estricto en emisiones.

Propongo extender la aplicación de cuotas o racionamiento del consumo de energía a nivel individual. Las cuotas individuales tienen dos grandes ventajas. Son un método eficaz para luchar tanto contra la Paradoja de Jevons como contra la Tragedia de los Comunes.

Las cuotas a nivel individual eliminan el efecto rebote de la eficiencia —la Paradoja de Jevons— en los sistemas que consumen energía. Difícilmente puede haber un efecto rebote si la regulación no te deja consumir más. Por ejemplo, la imposición de límites al número de kilómetros que se pueden conducir por individuo haría que la mejora en eficiencia de los motores redujera realmente el consumo de combustible.

Las cuotas también ayudan a luchar contra la Tragedia de los Comunes. Las cuotas por sí solas no bastarían para satisfacer la alta demanda energética de los ricos. Por lo tanto, los ricos que deseen utilizar sus aviones privados deberán comprar derechos de consumo a personas preocupadas con el medio ambiente que van al trabajo en bicicleta. De esa manera, los eco-ciclistas podrían beneficiarse de la venta de sus derechos de consumo energético. Esto acabaría con el círculo vicioso de la Tragedia de los Comunes, en donde nadie gana esforzándose en nombre del bien común.

Además, las cuotas individuales tienen dos virtudes adicionales. En primer lugar, son igualitarias, es la misma cuota independientemente de la situación económica. Los impuestos y los precios por tramos tienen la desventaja de dispensar a los ricos del esfuerzo común ya que estos disponen de más medios económicos. Gravar el diésel para favorecer los vehículos eléctricos equivale a perjudicar a los pobres, ya que, para empezar, estos últimos tienen más dificultades en reemplazar sus viejos vehículos. En segundo lugar, las cuotas de energía preservan la libertad del individuo de qué hacer con su dinero y su tiempo. Las cuotas imponen restricciones, pero es la decisión de cada uno elegir entre conducir el vehículo privado o usar el transporte público. Los individuos que eligen lo segundo pueden aprovechar sus derechos de consumo de energía para esquiar, conducir karts o viajar al extranjero durante las vacaciones de verano.

Sé que esta medida es extremadamente impopular e imposible de implementar, especialmente a nivel planetario. No veo ningún acuerdo internacional a corto plazo en el que las naciones ricas acepten pagar a las olvidadas masas de gente en extrema pobreza por sus derechos a emitir dióxido de carbono. Más aún, los ricos del avión privado usarían todo su poder y riqueza para presionar y acabar con cualquier iniciativa de ese tipo antes de que llegue al poder legislativo. Hoy en día, eso es totalmente utópico. Todavía caminamos lejos del precipicio catastrófico como para considerar tales medidas. Sin embargo, el momento llegará, y cuando el calentamiento global se convierta en una realidad, no tengo dudas de que se implementará algún tipo de cuotas.

Así lo creo porque ya ha ocurrido antes en la historia. Dudo que ningún pescador de finales del siglo XIX jamás hubiera pensado que algún día se implantarían cuotas de pesca, o incluso moratorias, para el bacalao del Atlántico Norte. En aquella época, esas ideas eran totalmente utópicas y estaban fuera de lugar. El bacalao vivía por millones en el Atlántico y era un alimento básico en toda la costa europea. Durante décadas, se asumió que los caladeros eran infinitos e imposibles de agotar. Sin embargo, con la aparición de modernas tecnologías de pesca, como la pesca de arrastre, prácticamente se extinguieron comercialmente. En 1992, los caladeros de bacalao del norte colapsaron y cayeron al 1 % de los niveles históricos después de décadas de pesca abusiva. Cuando el ministro de pesca canadiense declaró la moratoria, fue abucheado públicamente por frustrados hombres y mujeres cuyos ingresos económicos dependía de la pesca, pero el gobierno canadiense no cedió y se mantuvieron las estrictas regulaciones. Desde entonces, se han firmado nuevos tratados y organizaciones internacionales trabajan juntas para regular las actividades pesqueras a fin de equilibrar explotación y sostenibilidad. Aun así, aunque ha habido algunas señales de recuperación, los caladeros permanecen frágiles y las cuotas siguen vigentes.

Hasta ahora, hemos explorado cómo resolver el problema de las emisiones mediante la reducción del consumo de energía. En esta sección, exploraremos otra forma de descarbonizar la economía: la energía nuclear.

ENERGÍA NUCLEAR

Históricamente, antes de la llegada de los fármacos modernos, los medicamentos solían ser extremadamente amargos o de sabor desagradable. Los pacientes tenían que soportar el sabor porque estos remedios eran a menudo los únicos disponibles para sus dolencias. El acto físico de tragar estos repulsivos brebajes se asoció con la incomodidad y la resignación que conlleva tomar medidas necesarias pero desagradables. Hoy, la frase «beber un trago amargo» se usa comúnmente para describir cualquier situación o verdad que es difícil de aceptar, pero que debe afrontarse. En la lucha contra las emisiones, la energía nuclear es el trago amargo.

Una manera de sostener los altos niveles de energía que nuestro nivel de vida requiere es la energía nuclear. En primer lugar, porque, a diferencia de la intermitencia de la energía fotovoltaica o eólica, la energía nuclear tiene una virtud excepcional: funciona las 24 horas del día, los 7 días de la semana, todo el año. Solo este atributo excepcional permitiría a muchos países reducir a la mitad su dependencia en los combustibles fósiles en la generación de electricidad. Francia y Suecia, dos países que apostaron por la energía nuclear, consumen mucho menos combustibles fósiles que España o Alemania. Estos últimos apostaron por las energías renovables y, por lo tanto, ahora dependen de los combustibles fósiles para cubrir la intermitencia de las renovables.

En segundo lugar, y más importante, la energía nuclear proporciona más energía —kilo por kilo— que cualquier otra forma de energía. El combustible nuclear es una forma de combustible super-hiperconcentrada en comparación con los combustibles fósiles. Solamente un dato, dada la misma cantidad de combustible medida en peso, el combustible nuclear produce millones de veces más energía que las reacciones químicas convencionales. El contraste es asombroso.

Por eso, los submarinos de propulsión nuclear tienen un alcance prácticamente ilimitado. Estos pueden operar bajo el agua durante largos períodos sin reabastecimiento de combustible. El reabastecimiento de combustible en submarinos de propulsión nuclear ocurre normalmente cada 10 o 15 años, dependiendo del diseño del submarino. Por contra, los submarinos de propulsión diésel necesitan reabastecerse con mayor frecuencia. La autonomía de los submarinos diésel depende de la capacidad del depósito de combustible y la tasa de consumo, pero por lo general su autonomía es de unos pocos meses. Más aún, los submarinos nucleares pueden también generar una cantidad ilimitada de agua dulce y oxígeno gracias a la energía del reactor nuclear. El resultado es que pueden permanecer bajo el agua mientras haya reservas de alimentos en la despensa para la tripulación y «whisky» para el capitán.

La alta intensidad de la energía nuclear tiene muchas implicaciones prácticas. Las centrales nucleares requieren cantidades muy pequeñas de combustible en comparación con las centrales eléctricas de carbón. Una central eléctrica de carbón puede requerir miles de vagones cargados de carbón por mes, mientras que una central nuclear se carga con un solo camión de uranio una vez al año. Una consecuencia obvia es que el volumen de residuos nucleares producidos por una planta nuclear es minúsculo en comparación con las plantas de combustibles fósiles. Estas últimas liberan toneladas de dióxido de carbono, óxidos de azufre, óxidos de nitrógeno, materia particulada y otros contaminantes a la atmósfera. Cada unidad de energía de combustible fósil produce millones de toneladas de residuos más que los residuos producidos por una unidad de energía de uranio.

Los residuos nucleares son innegablemente mucho más peligrosos que el dióxido de carbono. Sin embargo, es justo señalar que, históricamente, el uso de combustibles fósiles ha generado más muertes que el uso civil de la energía nuclear. En primer lugar, la combustión de combustibles fósiles libera millones de toneladas de contaminantes que provocan enfermedades. La Organización Mundial de la Salud estima que la contaminación del aire debido a los combustibles fósiles causa millones de muertes prematuras cada año. Además, las centrales eléctricas convencionales requieren cantidades ingentes de combustible fósil, lo que genera altas tasas de accidentes durante la minería, la manipulación y el transporte. Esto ha generado muertes de trabajadores y, en ocasiones, de la población.

Por otra parte, hay muy pocos accidentes nucleares. Accidentes importantes como Chernóbil y Fukushima han causado muertes y efectos sobre la salud a largo plazo. Sin embargo, el número total de muertes directas o tasas de mortalidad latentes por accidentes nucleares es relativamente bajo en comparación con los relacionados con combustibles fósiles. Esto no debería ser una sorpresa. Al igual que el sector del transporte aéreo, la industria nuclear tiene asimilada una auténtica cultura de la seguridad, que desempeña un papel importante en la prevención de accidentes. Además, como la cantidad de combustible y residuos es bastante pequeña, la minería, la manipulación y el transporte de combustible nuclear y residuos apenas causan decesos.

En otras palabras, medido por el número de fallecimientos, la verdad objetiva es que la energía nuclear es mucho más segura que los combustibles fósiles convencionales.

Sin embargo, también es cierto que la gente tolera un goteo lento y continuo de muertes, enfermedades o degradación ambiental, pero reaccionan con firmeza ante un incidente repentino e inespe-

Hasta ahora, una falta de consenso científico y absurdas discusiones políticas han traído que no haya instalaciones de almacenamiento permanente de residuos nucleares en ningún lugar del mundo. Casi 400 000 toneladas de combustible gastado se almacenan en instalaciones temporales a la espera de una solución final.

rado. La Organización Mundial de la Salud estima que más de 1,35 millones de personas mueren cada año debido a accidentes de tráfico. Por otra parte, según la Asociación Internacional de Transporte Aéreo, las muertes en accidentes aéreos se han mantenido en promedio por debajo de las 200 personas por año durante la última década. El transporte aéreo es mucho más seguro que cualquier otro tipo de transporte, pero cualquier incidente —con o sin víctimas— inevitablemente se convierte en el titular de las noticias. La energía nuclear no es diferente. Los accidentes nucleares a gran escala son extremadamente improbables, pero como son estadísticamente posibles, el debate sobre la seguridad de la energía nuclear sigue siendo bastante polémico y controvertido. Las consecuencias de un accidente nuclear pueden ser devastadoras.

La verdad es que el verdadero talón de Aquiles de la energía nuclear son los residuos. La energía nuclear, como cualquier otro proceso, está sujeta a la Ley del Incremento de los Residuos. En consecuencia, también genera residuos, residuos muy peligrosos. Los reactores nucleares se alimentan con combustible en forma de barras. Con los años, las barras se degradan y se reduce la eficiencia de la reacción en cadena, lo que hace necesario reemplazarlas. El combustible agotado se extrae por control remoto, ya que es tan radiactivo que podría matar a una persona en minutos. Después de la extracción, se almacena en agua mientras decae la radioactividad. Este proceso puede llevar varios años. Una vez que los niveles de radiactividad son lo suficientemente bajos, el combustible agotado se retira de la piscina y se almacena en seco, que son robustos contenedores refrigerados por aire para el almacenamiento a largo plazo. En este punto, se supone que se pueden transferir a depósitos geológicos para su almacenaje final. Hasta ahora, una falta de consenso científico y absurdas discusiones políticas han traído que no haya instalaciones de almacenamiento permanente en ningún lugar del mundo. Casi 400 000 toneladas de combustible gastado se almacenan en instalaciones temporales a la espera de una solución final. Además, parte de estos residuos siguen siendo peligrosamente radiactivos durante largos períodos de tiempo y pueden tardar más de 100 000 años en decaer. Como referencia temporal, recordemos que los humanos modernos se extendieron por Europa hace aproximadamente 40 000 años. La verdad es que la eliminación de residuos nucleares sigue sin resolverse y es un regalo envenenado para las generaciones futuras.

PRIMERO LAS MALAS NOTICIAS

Si hay un solo punto que me gustaría que quedara claro con este libro es que los residuos son inevitables. Lo he dicho muchas veces, pero lo repetiré una vez más. Los residuos crecen, nunca retroceden. Es la Ley del Incremento de los Residuos. Esto es así, independientemente de lo avanzada que sea nuestra tecnología. Y en ausencia de cualquier restricción, la tecnología, cuanto más eficiente, más incrementa los residuos.

La vida se las ingenia con la energía de baja intensidad que se encuentra en la superficie del planeta. Por eso los organismos vivos son seres de baja intensidad energética. La vida también genera residuos, pero son residuos de baja intensidad. En cualquier caso, la naturaleza ha encontrado un mecanismo para eliminarlos sin violar la Ley del Incremento de los Residuos. La naturaleza convierte los residuos orgánicos en calor residual, otro tipo de residuo. La naturaleza lo hace a través de muchos y complejos procesos. Obviamente, la naturaleza dedica recursos energéticos (energía solar adicional) para esta tarea. El planeta Tierra luego evacua este calor residual en forma de radiación al espacio exterior.

Por otra parte, a diferencia de la naturaleza, nuestra tecnología demanda energía de alta intensidad, principalmente de combustibles fósiles. Por eso los humanos podemos hacer cosas que ningún ser vivo puede, como ir a la Luna. Como resultado de la Ley del Incremento de los Residuos, nuestra tecnología —que consume energía de alta intensidad— genera residuos de alta intensidad. Muchos residuos. En otras épocas, nuestros antepasados sobrevivían arrojando residuos al medio ambiente porque eran residuos de baja intensidad. Esto ya no es así. El ritmo de generación de residuos del hombre moderno supera la capacidad de la naturaleza para reciclarlos mediante procesos naturales. Más aún, algunos de estos residuos son sintéticos y desconocidos para la naturaleza. En consecuencia, puede llevar miles de años descomponerlos en sus componentes originales.

Hasta ahora, la humanidad ha resuelto el problema arrojando los residuos en uno de los tres sumideros disponibles: la atmósfera, los océanos y algún lugar en el campo fuera de la vista. Estos sumideros están empezando a mostrar signos de agotamiento, especialmente la atmósfera y las pequeñas masas de agua. Esto ha resultado en una creciente demanda social por una economía sostenible. Para ser sostenibles es necesario contar con energía adicional para convertir los residuos (sólidos, líquidos y gaseosos) en calor residual, que luego se irradiará al espacio. Esta es la única forma de mantener limpio el planeta sin violar la Ley del Incremento de los Residuos. Dejémoslo claro una vez más: solo hay una forma, y es esta. Obviamente, esta energía adicional debe provenir de fuentes limpias.

En el capítulo anterior, calculamos que la cantidad de energía necesaria para mantener un estilo de vida moderno sostenible para todo el mundo es aproximadamente diez veces mayor que el consumo energético actual. En estas circunstancias, adoptar energías renovables y mantener nuestro estilo de vida es, sencillamente, imposible. Los terrenos que se necesitan van más allá de lo que es posible desarrollar en los próximos 30 años.

Hasta ahora, las malas noticias: ¿hay alguna esperanza?

EL ESTRECHO SENDERO DE LA DESCARBONIZACIÓN

El monte Mijas es el punto más alto de una pequeña cadena montañosa en el sur de España. La cadena separa un tranquilo valle repleto de naranjos, aguacateros y encantadores pequeños pueblos andaluces del bullicio de las playas de la Costa del Sol. El trayecto a la cima de la montaña es fácil y, los senderistas que caminan entre viejos algarrobos, olivos y pinos de la zona, se embriagan con fragancias de tomillo, romero y matorrales de lavanda. La caminata vale la pena. La cima es un balcón natural con impresionantes vistas al Mediterráneo.

En mi trabajo, nos referimos a «subir primero al monte Mijas» cuando queremos establecer objetivos fáciles primero antes de ir a por uno más difícil. Proviene de la idea de que, antes de intentar escalar el Everest —el pico más alto del mundo— es mejor practicar primero con montañas pequeñas. Se comienza con el monte Mijas y, más tarde, a medida que se mejora la resistencia, se puede intentar con montañas más altas hasta que, un día, se apunta al gran objetivo: el Everest. A menudo, la gente se pone objetivos demasiado grandes desde el principio y fracasa. Es mejor ir a nuestro propio ritmo. Los objetivos deben ser realistas.

El problema con el objetivo de emisiones netas cero para 2050 es que no es alcanzable. No va a suceder. Demasiado rápido. Demasiado ambicioso. Demasiado utópico. Necesitamos revisar nuestros objetivos. Eso es lo que proponemos en este capítulo. Subir primero al monte Mijas.

Cualquier hogar que no llegue a fin de mes solo tiene dos maneras de solucionar su problema: o reduce los gastos o aumenta sus ingresos. Estamos en una situación similar con las emisiones de dióxido de carbono: o reducimos el consumo energético, o aumentamos el de energía libre en carbono. O ambas cosas. No hay otra opción.

Antes de continuar, me gustaría hacer una advertencia. Todo lo que se afirma a partir de ahora es solamente una evaluación teórica de qué tipo de cambios tecnológicos y de consumo deberían llevarse a cabo. Este libro trata sobre el consumo de energía. Solo de energía. Este libro no trata de finanzas, fabricación, logística o psicología de masas. No abordaré la cuestión mucho más compleja del abandono de los combustibles fósiles. Serán necesarias inmensas inversiones en nuevas tecnologías para la captura de energía. Desarrollar masivamente en tecnologías nuclear y solar en poco más de 25 años no va a ser nada fácil. Hay muchos obstáculos técnicos, financieros, territoriales, políticos y, sobre todo, de intereses ocultos por parte de algunos. Más aún, deben producirse cambios en los hábitos de consumo individuales para ajustarse a un consumo de energía per cápita más modesto. Esto ya de por sí es una batalla hercúlea e imposible. Personalmente, no creo que suceda. Dejo cómo superar la resistencia al cambio de la gente a la imaginación de los tecno-optimistas, los eco-entusiastas y los guionistas de películas de ciencia ficción de Hollywood. Políticos oportunistas también son bienvenidos. Una vez hecha la advertencia, esto es lo que habría que hacer.

En el capítulo anterior se estimó que, utilizando la metodología de los afinadores de piano de Chicago, era necesario dedicar a la captura de energía renovable la mitad de la superficie equivalente a África. Eso no es viable.

También se estimó que dedicar alrededor de 1,5 millones de km2 de tierra para sistemas de captura de energía solar en los próximos 25 años es un objetivo extremadamente difícil, pero alcanzable. Esto equivale a una vigésima parte de la superficie de África. Si fuera así, ¿qué habría que hacer para lograr emisiones netas cero en 2050?

Empecemos por los ingresos: aumentar la captura de energía. La energía nuclear, nos guste o no, es inevitable, es el trago amargo que hay que beber. Estamos en una encrucijada en donde tenemos que elegir entre dos opciones malas: o emisiones de dióxido de carbono o residuos nucleares. Ninguna de ellas es buena, pero los residuos nucleares son a corto plazo menos dañinos y nos dan algo de tiempo. Las generaciones futuras pueden tener suerte y encontrar formas de acortar los tiempos de decaimiento de la radiactividad o, en el peor de los casos, encontrar una solución permanente para el almacenamiento de residuos nucleares. Según mis cálculos, deberíamos aumentar masivamente la producción de electricidad nuclear multiplicando al menos por cuatro la producción actual. Algo similar a lo que están haciendo Francia, India o China, pero a escala mundial. Esta solución tiene un tiempo limitado, porque las reservas de Uranio-235, el combustible nuclear, no son infinitas.

La captura de energía renovable mediante todo tipo de tecnologías, paneles fotovoltaicos, energía eólica, hidroeléctrica o geotérmica, también debe aplicarse a gran escala. En todas partes. Es de esperar algunas mejoras en la eficiencia de estas tecnologías, pero no nos hagamos muchas ilusiones. La Ley del Incremento de los Residuos impone límites a la eficiencia de cualquier proceso. Si logramos capturar la mitad de nuestras necesidades de energía primaria a partir de fuentes renovables, podría considerarse un éxito increíble. Una cosa es segura: dedicar grandes superficies de terreno a cultivos para biocombustibles es probablemente el mayor error que podríamos cometer. Los rendimientos obtenidos por esta forma de capturar energía solar, medidos en kW·h por metro cuadrado, son los más bajos de entre todas las tecnologías. No me opongo a que se utilicen residuos orgánicos ya disponibles, como residuos agrícolas, desechos de comida o estiércol animal, para producir biogás y biometano. Cualquier ayuda es bienvenida.

Es fundamental que, siempre que sea posible, la electricidad sea la forma de energía consumida por el usuario final. De esa manera, evitamos convertir la electricidad libre en carbono en otros tipos de energía y, en consecuencia, evitamos las inevitables pérdidas asociadas a la Ley del Incremento de los Residuos. Se deben hacer todos los esfuerzos posibles para que el transporte terrestre se realice únicamente con electricidad. Esto en sí mismo ya es un objetivo colosal. Limitaciones, como la extracción de materias primas para la fabricación de baterías, podrían ser imposibles de superar.

La intermitencia es el talón de Aquiles de la energía renovable. La energía solar, eólica e hidroeléctrica no son constantes al 100 %. Se

En mi trabajo, nos referimos a «subir primero al monte Mijas» cuando queremos establecer objetivos fáciles primero antes de ir a por uno más difícil. Proviene de la idea de que, antes de intentar escalar el Everest —el pico más alto del mundo— es mejor practicar primero con montañas pequeñas.

debería invertir enormemente en encontrar formas alternativas de almacenar electricidad de manera eficiente, es decir, con altas relaciones energía-peso, bajo volumen, escalables y obviamente asequibles. Necesitamos resolver dos problemas. En primer lugar, necesitamos almacenar enormes cantidades de energía para abastecer a grandes consumidores como ciudades o regiones. En segundo lugar, necesitamos encontrar un sistema de alta intensidad y peso ligero para almacenar energía para el sector del transporte. Probablemente, la clave de la sostenibilidad resida en encontrar una forma escalable y económica de almacenar electricidad a gran escala. Este es nuestro Minotauro.

Si la electricidad libre de carbono necesitara ser convertida en otra forma de energía, la mejor opción es el hidrógeno. Esto es así porque se puede lograr con un solo paso a través de la electrólisis. Por lo tanto, la Ley del Incremento de los Residuos —y sus inevitables pérdidas— se aplica una sola vez. El transporte marítimo, que representa el 80 % del comercio internacional, podría funcionar con hidrógeno. A diferencia de los aviones o los automóviles, los barcos no están limitados por restricciones de volumen. Sin embargo, no debemos hacernos muchas ilusiones. El uso del hidrógeno se enfrenta a importantes retos, sobre todo en materia de seguridad, almacenamiento y transporte.

Y ahora, afrontemos los objetivos realmente difíciles. Es ahora cuando se empieza por escalar el monte Mijas y establecer objetivos razonables. Las industrias pesadas, como la metalurgia, la producción de cemento y muchas otras industrias químicas, deben seguir dependiendo de combustibles fósiles. En consecuencia, se debería invertir enormes cantidades de energía libre de carbono en producir electrocombustibles. La producción de combustibles sintéticos es extremadamente ineficiente y consume mucha energía. Yo sugeriría, a corto plazo, tolerar cierto consumo de combustibles fósiles como una solución aceptable para estas industrias. Obviamente, en este caso, las emisiones de dióxido de carbono deben capturarse en los conductos de extracción y luego almacenarse en algún lugar en vez de liberarse a la atmósfera. No podemos permitir la libre descarga de dióxido de carbono en la atmósfera, de la misma manera que ya no se permite que la industria química vierta aguas contaminadas en ríos y lagos.

Hasta ahora, estas son las políticas que se podrían aplicar para la captura de energía, ya sea de energías renovables o nuclear. Ahora echemos un vistazo al gasto de energía. En cuanto al consumo de energía, también hay margen de reducción. Quizá tengamos que sacrificar algunos objetivos de reciclaje de residuos. Podríamos reducir las necesidades energéticas a corto plazo, abandonando el objetivo de reciclaje del 100 % de residuos sólidos propuesto en el capítulo anterior. En primer lugar, dado que nos encontramos en una situación de urgencia, como compromiso, se podría aceptar recoger todos los residuos sólidos, pero reciclar solo una parte. En otras palabras, algunos residuos sólidos tendrán que llevarse a vertederos controlados hasta que encontremos una solución mejor, algo similar a lo que se está haciendo ahora en la mayoría de los países ricos. Una fórmula para reducir residuos sería imponer una estricta regulación que prohíba la utilización de materiales de difícil reciclaje, o mejor aún, responsabilizar al fabricante de la recuperación y reciclaje de sus propios productos. De esta forma se pensaría dos veces qué tipo de materiales usa. Finalmente, en lo que se refiere al agua, el tratamiento integral al 100 % de las aguas residuales es innegociable. El agua dulce es un recurso limitado y no podemos permitirnos seguir contaminándola.

Por último, la pobreza mundial, aunque ha disminuido significativamente en las últimas décadas, no va a desaparecer mañana. El Banco Mundial estima que la pobreza extrema —menos de 2 dólares por día por persona[10.1]— seguirá siendo del 5 al 10 % de la población mundial en las próximas décadas. Más aún, más del 70 % de la población mundial seguirá viviendo con menos de 30 dólares por día[10.2]. Este es el umbral para un estilo de vida apropiado, comparable al de algunos modestos hogares de Europa. En otras palabras, mientras que la clase media sigue creciendo rápidamente en todo el mundo, particularmente en Asia, el mundo aún está lejos de alcanzar los niveles de consumo energético similares a Europa. Es una mala noticia para millones de personas que aún viven en la pobreza, pero irónicamente, es una buena noticia para lograr Emisiones Netas Zero en 2050. Por lo tanto, las estimaciones de necesidades energéticas del capítulo anterior no eran realistas a corto plazo. Deberíamos esperar una demanda energética mucho menor. Eso nos da algo de tiempo extra para el objetivo final.

¿Es suficiente con esto? Todavía no. Todavía necesitamos el liderazgo de Ernest Shackleton.

ERNEST SHACKLETON

En la era de la exploración antártica, en 1914, Ernest Shackleton lideraba una expedición con el objetivo de ser el primero en cruzar el continente helado. Sin embargo, antes de poder llegar al punto de desembarco, su barco, el Endurance, quedó atrapado en el hielo y finalmente se hundió, dejando a la tripulación varada en témpanos de hielo. Shackleton y sus hombres se encontraron en una situación extremadamente desesperada. Estaban a miles de kilómetros de la civilización, con víveres limitados y se enfrentaban a las duras condiciones antárticas sobre un trozo de hielo flotante. Shackleton tenía que aumentar las posibilidades de supervivencia de sus hombres y para ello tomó decisiones difíciles.

Después de unos días de acampar sobre una balsa de hielo a la deriva, decidió buscar seguridad y marchar hacia tierra. Shackleton pidió a sus hombres que se deshicieran de todo —incluido los costosos equipos científicos— y quedarse solo con lo esencial. Como ejemplo, él mismo tiró su reloj de bolsillo y varias monedas de oro. Al aligerar su carga, la tripulación podría moverse de manera más eficiente a través del hielo y transportar alimentos, ropa de abrigo e instrumentos y cartas esenciales para la navegación. El precioso oro no servía para nada en el hielo.

Esta decisión resultó crucial para su supervivencia. Shackleton y su tripulación llegaron finalmente a la isla Elefante y desde allí, él y un pequeño grupo de hombres se embarcaron en un peligroso viaje de 800 millas en un bote salvavidas para buscar ayuda. Sorprendentemente, después de muchas dificultades, Shackleton regresó con éxito y rescató a toda su tripulación. Ni un solo hombre murió en la terrible experiencia.

Elegir lo que es verdaderamente necesario para la supervivencia marcó la diferencia entre la vida y la muerte para Shackleton y su tripulación. En este apartado esto es lo que estamos analizando, qué cambios serían necesarios para reducir el peso en nuestro viaje hacia un mundo más seguro... a través de la energía limpia.

El sacrificio más importante que debemos hacer es reducir drásticamente el consumo de energía en las naciones ricas. Esto únicamente se logra imponiendo cuotas de energía a cada individuo. Las cuotas individuales son la única forma eficaz de acabar con la Tragedia de los Comunes y la Paradoja de Jevons. Según mis cálculos, las naciones ricas deberían recibir una cuota anual de 22 000 kW·h de energía limpia por persona y año. Como referencia, en Estados Unidos hoy se consumen unos 75 000 kW·h[10.3] por persona y año.

¡Absolutamente inaceptable!

Realmente, no es tan terrible. En realidad, un consumo medio de energía de 22 000 kW·h por persona y año es bajo, pero no tanto. Estados Unidos, como otros países, derrocha mucha energía. Hoy en día, el consumo medio de Europa es de 38 000 kW·h[10.3] por persona y año. China está en 30 000 kW·h[10.3]. Además, si pudiéramos acabar con la paradoja de Jevons, es decir, si pudiéramos aplicar las mejoras en eficiencia de los últimos 30 años a los procesos de fabricación de los años 90 sin el efecto rebote, el consumo de energía per cápita equivalente para Europa habría sido de unos 21 000 kW·h. Si pudiéramos acabar con la obsolescencia programada de muchos productos, llegar a ese objetivo sería incluso más fácil.

En mi opinión sería posible, pero entiendo que volver a los niveles de consumo de Europa de los años 90 es psicológicamente imposible. Lo que entonces se consideraba un artículo de lujo, como el aire acondicionado en casa, hoy es una necesidad absoluta. Hoy en día, muchas personas consideran que vivir sin aire acondicionado es infrahumano, aunque el hombre se las haya arreglado sin él hasta hace muy poco. Recientemente vi una película ambientada en Los Ángeles en los años 50. En aquella época, los ventiladores de techo eran un elemento habitual en las oficinas y los restaurantes. ¿Qué drama supone volver a utilizar un ventilador de techo a cambio de evitar el calentamiento global? Ernest Shackleton no se lo habría pensado dos veces.

Reducir el consumo energético suena absurdo. «No se trata de una subida al monte Mijas», dirá alguno, «sino más bien de escalar el Everest el primer día. Imposible». Estoy de acuerdo, pero la forma más fácil de reducir el consumo energético sería eliminar la fabricación —y el reciclaje— de cosas inútiles. Así de sencillo. Los residuos pueden ser inevitables, el despilfarro no. Es difícil aceptar que en esta situación de emergencia la humanidad todavía tolere muchos comportamientos innecesarios. Las actividades de ocio intensivas en energía, los productos de un solo uso, la moda efímera, el desperdicio de comida, el exceso de envoltorios o la obsolescencia programada de productos que acaban prematuramente en vertederos siguen siendo parte de nuestra cultura. Podemos reducir el consumo energético sin perturbar demasiado nuestro modo de vida. La reducción del consumo energético no debe interpretarse como una reducción del consumo de todo, sino de aquellos productos y servicios más intensivos en carbono y de menor valor añadido. Estamos hablando de sobriedad o consumo responsable. No se trata de volver a la edad de la candela, la mula y la azada. A largo plazo, sin duda tendremos que aumentar los suministros para millones de personas que se están incorporando al mundo rico. En otras palabras, se trata de reducir el consumo energético al mismo tiempo que se mejora el bienestar y se asegura un modo de vida decente para todos.

No tengo ninguna duda de que el consumo de combustibles fósiles seguirá aumentando. Ninguna de las propuestas anteriores jamás será tomada en consideración. La gente quiere abrazar el sueño de la energía renovable sin sacrificar nada a cambio. Lo queremos todo. Pero no debemos equivocarnos: no es posible una transición a las energías limpias sin ningún sacrificio. Son las leyes de la física. Los residuos siempre aumentan. Siempre. Si se quiere lograr, tendremos que deshacernos de nuestras monedas de oro, como hizo Ernest Shackleton.

Una última palabra: independientemente de lo que digan las leyes de la física, la verdad incómoda rara vez es bien recibida. La gente se aferra a sus creencias a pesar de la abrumadora evidencia en contra. Mucha gente seguirá aferrándose a la creencia de que la eficiencia ayuda, o de que las naciones ricas están reduciendo su huella de dióxido de carbono. Los fanáticos del «que nada cambie» negarán los límites de la atmosfera como basurero y los tecno-optimistas asegurarán que la transición total a la energía renovable es solamente una cuestión de voluntad política. No estoy de acuerdo. Las emisiones de dióxido de carbono han ido aumentando de forma constante desde la revolución industrial sin que se observen signos de cambio. Más aún, para 2050, la Administración Internacional de Información sobre Energía de Estados Unidos prevé un aumento del 15 % de las emisiones de dióxido de carbono en comparación con el nivel actual, pasando de 35,7 a 41 millardos de toneladas métricas[10.4]. Si no se imponen restricciones al consumo de energía, solo cabe esperar que aumenten las emisiones.

Albert Einstein dijo que la estupidez humana es infinita. Hasta ahora, ningún otro científico ha conseguido demostrar que estuviera equivocado. Espero que algún físico muy listo descubra pronto cómo hacer que funcione la fusión nuclear, una fuente de energía limpia e ilimitada. Si no fuera así, esperemos entonces que todos los científicos expertos en climatología se hayan equivocado. Esa es probablemente nuestra mejor opción para evitar el cambio climático. En cualquier caso, no hay que desesperarse. Siempre existe la posibilidad de que la Hermandad de los Siete Buscadores tuviera razón después de todo, y cuando llegue el momento, unos extraterrestres en una nave espacial vengan a rescatarnos a todos.

Epílogo

«En caso de abundancia, prepárate para la escasez».
MENG KE, filósofo chino

Hay muchos ejemplos históricos de cambios que provocan la caída de gigantes. A finales del siglo XIII, Venecia era la ciudad más próspera de toda Europa. Venecia había desarrollado un imperio marítimo que prácticamente le garantizaba el monopolio del comercio entre Europa Occidental y Asia. Su poder estaba sustentado por un sistema político justo y estable, una formidable flota, y una gran red comercial construida tras su participación en la cuarta cruzada que le garantizó una relación excepcional con el Este Mediterráneo. Sin embargo, a finales del siglo XV, dos acontecimientos geopolíticos cambiaron esta situación de privilegio. Por un lado, la conquista de Constantinopla por las tropas otomanas, por otro, el descubrimiento de la ruta portuguesa hacia la India alrededor de África. El resultado fue que el comercio en el Mediterráneo Oriental se hundió y la ciudad comenzó un largo y doloroso declive.

Existen muchos ejemplos similares, como la caída del imperio otomano y del sistema imperial chino. Ambos imperios, tras varios siglos de dominación, sucumbieron por una acumulación de debilidades internas y alteraciones externas de la geopolítica. Las causas de las caídas de ambos sistemas políticos son complejas, pero ambos sucumbieron en parte por su incapacidad de mantener el ritmo de los cambios tecnológicos y militares de las potencias occidentales. Ni el impero otomano ni el chino lograron industrializarse de manera efectiva. Estos cambios no ocurrieron en pocos años, sino que fueron fraguándose en silencio durante muchas décadas.

La lista podría ser interminable. Ningún país, ni ningún imperio tampoco, puede caer en el error de pensar que está al abrigo de transformaciones radicales. Nuestro mundo de prosperidad, si no estamos atentos, puede derrumbarse mañana. En la vida, todo cambia, nada es permanente. Algunos de estos cambios que provocaron la caída de gigantes fueron de alguna manera sobrevenidos. Venecia no podía imaginar que los portugueses un día romperían su monopolio navegando alrededor de África. Otros, sin embargo, pudieron haberse evitado. La amenaza otomana a la ciudad de Constantinopla era evidente desde hacía décadas, pero el Consejo de los Diez, que administraba Venecia desde la Plaza de San Marcos, no quiso verlo.

Los países en este siglo XXI se enfrentan a la transición energética. Ya no es solo la cuestión de las emisiones de dióxido de carbono, son además las restricciones geológicas que amenazan el suministro futuro de los combustibles fósiles. Todos sabemos que las reservas no durarán indefinidamente. La cuestión es: ¿hasta cuándo?

A finales del siglo XIII, Venecia era la ciudad más próspera de toda Europa.
Venecia había desarrollado un imperio marítimo que prácticamente le
garantizaba el monopolio del comercio entre Europa Occidental y Asia.

DECLIVE DE LA PRODUCCIÓN DE PETRÓLEO

Pensar que las reservas naturales son infinitas es autoengañarse. Todos sabemos que no es así. El aceite de las ballenas fue una fuente esencial de energía para la iluminación, los lubricantes, la fabricación de jabones y otros usos industriales. Durante los siglos XVIII y XIX, las ballenas se cazaron de manera intensiva, en particular en el Atlántico y el Pacífico norte, y la consecuencia fue que varias especies de ballenas estuvieron a punto de ser exterminadas. Existen muchos otros casos de explotación abusiva de recursos naturales. Por ejemplo, la sobreexplotación de los bosques europeos durante la edad media para la obtención de leña, la construcción naval o la fabricación de carbón vegetal para la metalurgia. Otro caso fue la sobreexplotación del bacalao en Terra Nova que llevó a su extinción comercial a finales del siglo XX. El mundo nos parece infinito hasta que nos topamos de bruces con la realidad de los límites de los recursos naturales. El petróleo, como todo recurso natural, no puede ser diferente.

El fin de la era del petróleo se ha anunciado en muchas ocasiones durante el siglo pasado. Ya en el año 1909, el periódico Titusville Herald de Pensilvania —un estado cuya economía dependía del petróleo— hacía sonar la señal de alarma. En sus páginas indicaba que «el petróleo se ha utilizado durante menos de 50 años, y se estima que el suministro durará unos 25 o 30 años más. Si se reduce la producción y se detiene el desperdicio, puede durar hasta el final del siglo»[E.1]. En 1980, el Syracuse Post Standard de Nueva York afirmó: «[el físico Dr. Hans] Bethe dijo que el mundo alcanzará su pico de producción de petróleo antes del año 2000. La producción mundial de petróleo luego caerá a cero en unos 20 años. Una conservación rigurosa podría extender el suministro mundial de petróleo hasta el año 2050»[E.2].

Desde hace años, de vez en cuando, leo en alguna parte que el fin de la era del petróleo está a la vuelta de la esquina. Hasta donde yo recuerde, las previsiones siempre han sido que solo hay petróleo para los próximos 30 o 40 años. A pesar de todas estas sombrías predicciones, los nuevos cambios en la tecnología, como la perforación en el mar, la fractura hidráulica o la perforación horizontal, han permitido explotar recursos que eran desconocidos o inalcanzables.

Según los expertos, el pico de producción del petróleo convencional —el barato, el que se saca mediante la simple perforación de un pozo con salida por presión— se alcanzó en la primera década de este siglo XXI. Si la producción de petróleo ha continuado creciendo, ha sido debido a la aparición de nuevas fuentes de petróleo no convencionales, como las arenas bituminosas o el petróleo de esquisto. Este petróleo no convencional requiere invertir mucha más energía para ser extraído, lo que lo hace obviamente bastante más caro. En otras palabras, en el corto plazo es probable que no haya un problema de suministro, pero sí nos podemos encontrar con un problema de precio.

El petróleo —materia prima con la que se generan los combustibles líquidos— es fundamental en nuestra sociedad porque es la base del transporte. El transporte —coches, barcos y aviones— funciona con combustibles líquidos. Esto es así porque los combustibles líquidos son seguros, fáciles de manipular, almacenar, y además acumulan una gran cantidad de energía con poco volumen y poco peso. Los barcos propulsados por carbón desaparecieron hace muchos años y los coches con gas licuado son una curiosidad. Hoy en día barcos y coches, en su inmensa mayoría, funcionan con combustibles líquidos derivados del petróleo. Más aún, la aviación comercial no podría existir con carbón o gas natural. El queroseno, o un equivalente sintético, es el único combustible que permite realizar hoy por hoy los vuelos intercontinentales.

Sinceramente, no sé cuándo se acabará la producción de petróleo barato, pero es evidente que tiene un fin, y que tarde o temprano, este fin llegará. Debemos estar preparados.

INERCIA DE LA ECONOMÍA

La historia muestra que las transiciones energéticas de la economía siempre han sido un proceso lento. Previo a la revolución industrial, el fuego, los animales domésticos, y un uso muy limitado del viento y del agua, eran las únicas fuentes de energía que utilizaba el hombre. Con la invención de la máquina de vapor, es cuando se produjo el cambio de era, y por primera vez en la historia, las nuevas fuentes de energía utilizadas por el hombre eran no-renovables. ¿Cuánto tiempo se tardó en producirse el cambio?

De acuerdo con OurWorldInData, en 1800 toda la energía primaria consumida era procedente de biomasa tradicional, principalmente madera y excrementos secos de animales. En 1850, casi cien años después de la invención de la máquina de vapor, prácticamente seguía igual, aunque el carbón había hecho una muy tímida aparición en escena. 50 años después, en 1900, en plena revolución industrial, el carbón ya era tan importante como la biomasa tradicional. Sin embargo, el consumo del petróleo, a pesar de haber comenzado su extracción comercial cuarenta años antes, era todavía simplemente testimonial. Este únicamente se utilizaba como combustibles en lámparas y otras aplicaciones de iluminación. Otros 50 años más tarde, en 1950, el carbón todavía representaba casi la mitad del consumo energético primario. En ese año, la biomasa tradicional ya se había quedado reducida a la cuarta parte y, el consumo de los derivados del petróleo, utilizado en los motores de vehículos y barcos, todavía era minoritario. 50 años después, ya en el año 2000, por fin el petróleo era el rey. Este proporcionaba un tercio de la energía primaria mundial. En este año, la biomasa había quedado reducida a solo el 10 %, mientras que las energías renovables modernas, como la energía solar o la eólica, eran puramente testimoniales. Un cuarto de siglo después, en el año 2024, los combustibles fósiles —petróleo, carbón y gas a partes iguales— siguen representando casi el 80 % de la energía primaria en el mundo. Las energías renovables como la fotovoltaica, todavía, apenas representan un 2 % del total.

Las transiciones energéticas son un proceso lento, muy lento. Estamos hablando de periodos de 50 años o más. Desde la invención de la máquina de vapor, se tardó casi 100 años para que el consumo de carbón fuera relevante. Desde la invención del motor de combustión interna, se tardaron otros 80 años para que el consumo de petróleo fuera también relevante. Más aún, la transición no implica substitución. La radio no acabó con los libros, ni la televisión acabó con la radio, ni internet acabó con ninguno de los tres. Hoy en día, todos los medios conviven en el mismo espacio de la comunicación. Del mismo modo, los nuevos tipos de energía no han ido sustituyendo a los anteriores, sino que se han ido completando. En la actualidad, los países usan una combinación de todo tipo de fuentes de energía, ninguna ha desaparecido. Más aún, a excepción de la biomasa tradicional, el consumo de todos los tipos de energía sigue aumentando.

Es lógico que las transiciones sean lentas. El metanol verde es un combustible generado a partir de energía renovable. Imagínese que fuera dueño de una naviera que se dedica al transporte internacional y estuviera pensando en mandar construir un barco que usa dicho combustible. No tiene sentido. Aun si hubiera metanol verde en el puerto de partida, muy difícilmente lo encontraría en Shanghai, en Buenos Aires o en Nueva York o cualquier otro puerto de destino. Los puertos actualmente no tienen la infraestructura necesaria para suministrar ese tipo de combustible. Ni la van a tener en los próximos años. Lo mismo ocurriría si fuera el gestor de un gran puerto interesado en comenzar la transición energética. Difícilmente destinaría enormes cantidades de dinero en construir la infraestructura para el suministro de metanol verde si no hubiera suficientes barcos para compensar el esfuerzo inversor. Más aún, ningún naviero ni gestor portuario moverán un euro mientras no haya planes de construcción de plantas de generación de metanol verde por parte de las empresas energéticas a nivel mundial.

Es la pescadilla que se muerde la cola. En el mercado libre, la oferta y la demanda tienen que crecer juntas, ninguna se puede adelantar a la otra. Las transiciones de este tipo requieren una planificación ordenada con una gran intervención pública, una gran coordinación internacional y con objetivos alcanzables a largo plazo. No estamos hablando de reemplazar una lavadora. Barcos y grandes infraestructuras energéticas tienen vidas útiles de unos 30 años como mínimo y, lógicamente, reemplazarlos llevará al menos ese plazo. Por eso, teniendo en cuenta las inercias del mercado, pensar en una transición energética de plazos menores de 40 o 50 años es absurdo.

PAÍSES REACIOS AL CAMBIO

El caso de la empresa Kodak —icónica en la industria fotográfica— es un clásico en las escuelas de negocios. Durante gran parte del siglo XX fue el líder indiscutible en el mercado de películas y cámaras analógicas. Su fundador creía firmemente en el mercado del gran consumo y supo ver más allá de la fotografía para profesionales de la época. Para él, la gente corriente quería tener fotos de recuerdo en sus hogares. La clave del éxito estuvo en la innovación y su estrategia de desarrollar productos para acercar la fotografía al hombre corriente. «Usted apriete el botón, nosotros hacemos el resto», fue uno de sus grandes eslóganes.

La paradoja de la historia es que, a pesar de que Kodak inventó la cámara digital en 1975, y que un informe interno ya anticipaba un cambio generalizado del mercado, el equipo directivo la menospreció. La nueva tecnología requería grandes inversiones y prefirieron concentrarse en su negocio principal —y el más lucrativo— que eran los clásicos rollos de películas. Lo que ocurrió después es ya historia. En 2012 la empresa se declaró en bancarrota. Otros competidores más ágiles y más receptivos con la nueva tecnología se habían quedado con el mercado.

Los mayores productores de petróleo, países como EE. UU., Rusia, Arabia Saudita, Canadá, Iraq o los Emiratos Árabes Unidos, por nombrar aquellos que generan más de la mitad del petróleo del mundo, son los últimos candidatos a liderar la transición energética. En una posición de privilegio, el cambio es difícil. La transición es un cambio con retornos a largo plazo y lo más probable es que a estos países les pase como a Kodak, para cuando se quieran dar cuenta, el mundo habrá cambiado. Para entonces, llegarán tarde. Los poderosos ejecutivos de las principales empresas energéticas, apoyados por los trabajadores y sus familias dependientes del petróleo, harán todo lo que esté en su mano por evitar el cambio. Para ellos, el cambio del modelo energético, además de incertidumbre, solamente trae inconvenientes.

Esto lo estamos viendo en países como EE. UU. o Canadá. En estos países los candidatos políticos, o bien están abiertamente en contra la transición energética, o bien, aquellos que están a favor, deben caminar con cautela para no frustrar sus posibilidades de salir elegidos. En democracia, es difícil vender la travesía del desierto para alcanzar algún día la tierra prometida. En países opacos, como Rusia o Arabia Saudita, aunque es más fácil imponer una política impopular, no tengo ninguna duda de que tampoco cambiará nada. Los regímenes despóticos son por defecto conservadores y poco inclinados a nuevas ideas. En Rusia, como en otros países dictatoriales, las principales empresas energéticas son estatales o muy cercanas al poder político. Estas son poco innovadoras. Una de las principales características de las empresas controladas por el estado es su aversión al riesgo. Arriesgar no tiene sentido porque no hay nada que ganar, y mucho que perder. Mantener el *statu quo* —y sus privilegios— es para sus trabajadores su *modus vivendi*.

Esto abre una ventana de oportunidad a países tecnológicamente avanzados, pero con pocos recursos en reservas de petróleo: India, Turquía, Japón, Corea del Sur, Taiwán y por supuesto, la Unión Europea. Estos están muy bien posicionados para convertirse en líderes mundiales para cuando las reservas de petróleo barato lleguen a su fin. Lógicamente, esto solo ocurrirá si saben adaptarse con tiempo a esta nueva realidad energética. Ahora bien, únicamente hay una opción, además de la energía renovable, nuestro consumo energético exige la adopción masiva de la energía nuclear. Como ya vimos anteriormente, la energía renovable es claramente insuficiente. De los países mencionados anteriormente, Turquía, India, Japón y Corea del Sur están construyendo plantas nucleares[E.3]. Estos, aunque tímidamente, van por el buen camino. En este sentido, algunos países en Europa van en la dirección opuesta, ya que están en pleno desmantelamiento nuclear, un callejón sin salida.

China es un caso especial. A pesar de ser un gran productor de petróleo, la demanda energética china es formidable y, al contrario que los EE. UU., sigue dependiendo enormemente de las importaciones. China, además de ser ya el primer país del mundo en renovables y baterías eléctricas, está invirtiendo en 25 nuevos reactores nucleares[E.3]. Sin duda, parece que los chinos saben lo que están haciendo. El país disfruta de tres importantes ventajas con respecto a los EE. UU. Primero, como país importador, tiene mucho menos que perder preparándose para el apagón del petróleo, esto hace que haya muy poca resistencia interna al cambio. Segundo, sus dirigentes no tienen que preocuparse por las próximas elecciones, por eso pueden tomar fácilmente decisiones estratégicas para su país pensando a muy largo plazo. Finalmente, y no menos importante, su dirigente actual es ingeniero. Este no necesita de muchas explicaciones para entender que el fin del petróleo barato, en una escala histórica, no está muy lejos. Sabe que su país se encuentra ante una gran oportunidad.

ADELANTÁNDOSE A LA COMPETENCIA

Unos tíos míos eran un matrimonio en el que ambos eran farmacéuticos. Recuerdo que querían abrir una farmacia en una nueva zona turística que se había creado en la Costa del Sol. Donde antes había una playa desierta, ahora se habían construido apartamentos y todo parecía indicar que en el futuro se construirían más. Para elaborar su plan de negocio, simplemente necesitaban saber cuántas personas pasaban por delante del local en donde querían instalar la farmacia. Con esa información, tenían un rudimentario sistema para hacer una estimación de la posible facturación anual. Un verano alquilaron un apartamento con una terraza justo en donde querían poner la farmacia y pusieron a sus hijos pequeños a contar con palotes el número de personas que pasaban por allí. Los números debieron ser buenos porque acabaron montando el negocio, y este resultó ser un éxito.

Recuerdo años después que, hablando con mi tío sobre el tema, me comentó que el número de transeúntes había resultado ser menor de lo que su plan de negocio necesitaba. «En los negocios», me dijo, «no puedes esperar a que los números salgan bien, porque si lo haces, siempre hay algún loco que arriesga más y se te adelanta. Si te anticipas demasiado, el negocio no sobrevivirá por falta de clientes, pero si esperas demasiado, otro habrá puesto la farmacia antes que tú. La gracia está en anticiparte lo justo para no morir, pero tampoco llegar demasiado tarde».

Éste es el dilema al que se enfrentan las economías del mundo. La era del petróleo barato acabará algún día. Esto los sabemos todos. Por lo tanto, la transición energética a una economía descarbonizada será obligatoria con o sin efecto invernadero, con o sin calentamiento global. La cuestión está cuándo hacerlo. Demasiado pronto puede dejarte en una posición de desventaja frente a otros países que utilicen combustibles fósiles más baratos. Demasiado tarde, puede dar lugar a una adaptación desordenada y tumultuosa con poco margen de maniobra. En las décadas en las que sea evidente el fin del petróleo barato, los países productores se guardarán para sí las últimas reservas existentes. Los importadores, tendrán delante de sí la colosal tarea de adaptar su economía a la nueva realidad en desventaja. La lucha entre países por unos escasos recursos petroleros, esenciales para el transporte, estará garantizada. En estas condiciones, las tensiones internacionales pueden ser terribles.

Una cosa es cierta, aquel país o región que haga la transición en el momento preciso dominará el mundo de la era post petróleo. Incluso aunque sea a costa de estar en desventaja competitiva durante alguna década. Algo parecido a lo que hicieron mis tíos que, a pesar de no ganar dinero en los primeros años, su farmacia acabó siendo la referencia del barrio durante mucho tiempo.

DESCUENTO HIPERBÓLICO

A finales de los años 60, el profesor Walter Mischel de la Universidad de Stanford realizó un experimento psicológico con un grupo de niños. El experimento ofrecía a los niños un dulce como recompensa inmediata, pero si eran capaces de esperar 15 minutos, el premio sería el doble: dos dulces. Para muchos niños la espera era larga, no podían resistir la tentación y se comían el dulce de inmediato.

Cuando nos encontramos ante una encrucijada, analizamos las opciones posibles, sus consecuencias, y escogemos la más provechosa. Al ser humano le gusta tomar decisiones buscando un beneficio a corto plazo, esto es: minutos, días, semanas o quizás meses. Las decisiones con un hipotético beneficio a más largo plazo —años o décadas— son más difíciles. Esto es así debido al descuento hiperbólico. El descuento hiperbólico es el fenómeno psicológico en el que la gente prefiere las recompensas o beneficios inmediatos y desprecia —o valora menos— los que podría conseguir en el futuro. Como el niño en el experimento del profesor Mischel. Esto conduce a una dilación o aplazamiento en la toma de decisiones que conduce a posibles beneficios a largo plazo. Por eso a poca gente le gusta invertir su dinero en proyectos a 10 años, aun incluso cuando se esperen buenos rendimientos. Más aún, si hablamos de tomar decisiones con un impacto a 40 o 50 años, nos quedamos paralizados. No estamos programados para ello.

Este es precisamente el problema. Tarde o temprano tendremos que abandonar los combustibles fósiles, si no es por el cambio climático, lo será por el agotamiento geológico de las reservas. Una transición energética de esta envergadura llevará décadas, al menos 40 o 50 años. Como hemos visto, la transición a una economía descarbonizada no se hace en unos años. Por eso los líderes políticos son incapaces de tomar las decisiones apropiadas. Para ellos, como para el resto de los mortales, la escala temporal del retorno de la inversión está fuera de los límites razonables impuestos por el descuento hiperbólico. Esto es así especialmente en las democracias, en donde los líderes políticos no miran más allá del espacio temporal marcado por las elecciones.

LA HORA DEL CAMBIO

Recuerdo un día que fui a una jornada sobre geopolítica, y tras la exposición del conferenciante, se había organizado una comida alrededor de una mesa redonda. Durante el almuerzo, el asunto de los coches eléctricos salió como tema de conversación, y recuerdo que uno de los comensales hizo una crítica feroz a los mismos. Su posición contra los coches eléctricos no me sorprendió, entre mis amigos los hay que están a favor y los hay que están en contra. Esto es como la política, los hay de derechas y de izquierdas. Lo que me sorprendió fue su agresividad con los argumentos. Cuando le pregunté a qué se dedicaba, este me respondió que era un empresario del sector energético. Su negocio consistía en franquicias de gasolineras. Esto lo explicaba todo.

El declive del Imperio Británico comenzó en silencio a finales del siglo XIX, cuando paradójicamente el impero estaba en pleno apogeo. A finales de este siglo, un lento, pero profundo, cambio tecnológico estaba teniendo lugar en el mundo: la electricidad. El Reino Unido fue más lento en adoptar esta nueva tecnología que otras potencias industriales emergentes. Esta lenta adopción de la electricidad no fue debido a una falta de capacidad de innovación del país, sino más bien a factores sociales y estructurales. El país fue víctima de la resistencia al cambio.

El Reino Unido tenía ya construida una vasta infraestructura basada en el carbón y en la máquina de vapor. Esto creó una resistencia al cambio por parte de la industria, ya que prefería seguir trabajando con una tecnología conocida y probada. Además, los accionistas preferían amortizar las inversiones ya realizadas antes de abandonarlas. La suerte estaba echada. La transición hacia la energía eléctrica, a pesar de sus ventajas, se veía como excesivamente cara e innecesaria. Por ello, aunque la electricidad se adoptó rápidamente para la iluminación y el transporte público, su uso en la producción industrial llegó con retraso. Muchos otros factores contribuyeron a este retraso, como la fragmentación del mercado en diversas redes eléctricas privadas o la dedicación de los recursos en mantener la superioridad naval para proteger al imperio.

El Reino Unido es un ejemplo de un país que no supo ver el impacto a largo plazo de un cambio tecnológico. La aparición de la electricidad a finales del siglo XIX supuso un enorme cambio en los medios de producción. El Reino Unido, a pesar de ser un país pionero en el estudio de la electricidad y sus aplicaciones, se quedó detrás de países emergentes como Alemania o los EE. UU. Para cuando el Reino Unido comenzó una electrificación masiva de su industria, Alemania y los EE. UU. ya se habían posicionado como líderes de la nueva tecnología. Esto les aportó una ventaja industrial en la competición geopolítica del nuevo siglo. El Reino Unido lideró la primera revolución industrial basada en el carbón y la máquina de vapor, pero perdió este liderazgo en la segunda revolución industrial de la economía electrificada.

¿Estamos ante un nuevo cambio de era energético?

Según muchos expertos, la primera señal del fin de los combustibles fósiles ya se ha encendido. Hace tiempo que no se descubren nuevas reservas de petróleo convencional —el barato— y por eso el nuevo petróleo extraído —el no convencional— cada vez cuesta más caro. De todos los combustibles fósiles: carbón, gas natural, gas de esquisto, petróleo convencional, arenas bituminosas, etc. el petróleo convencional es el primero en dar señales de agotamiento. Es el equivalente a la aguja de un depósito de combustible. Nos está indicando que las reservas están menguando, y que debemos ir pensando en buscar pronto una estación de servicio.

Si yo fuera dirigente de un país, especialmente si este fuera importador de petróleo, lo tendría claro. Climatoescéptico o no, consideraría adaptar ya hoy la economía a un mundo sin petróleo, empezando sobre todo por el transporte. La transición hacia la descarbonización va a llevar 50 años, o quizás 100, por lo que es mejor empezar ahora que aún tenemos recursos y lo podemos hacer de una manera ordenada. Y esto aun a costa de sacrificios a medio plazo y la lógica resistencia al cambio. Si esperamos demasiado, para cuando el fin de las reservas sea más evidente, los países con reservas dejarán de exportar y entraremos en un mundo peligroso y desordenado. Como le ocurrió al Reino Unido —o a Kodak—, la complacencia llevará a muchos al fracaso.

Un nuevo cambio se aproxima en el horizonte. No podemos caer en el error de pretender que no pasa nada. El petróleo barato se agotará, el cambio llegará, y se tardarán décadas en adaptarse. Y precisamente porque se requiere mucho tiempo para realizar una transición energética, cuando la desaparición del petróleo barato se materialice, el cambio de liderazgo será irreversible. Aquellos que no se hayan adaptado, padecerán muchas dificultades. Como dijo Charles Darwin, «no es la más fuerte de las especies la que sobrevive, tampoco es la más inteligente. Es aquella que se adapta mejor al cambio».

¿Qué país será el ganador? ¿Quién sabrá dar el salto en el momento adecuado, ni demasiado pronto ni demasiado tarde? El tiempo lo dirá. Una cosa es cierta, no se puede esperar a que todos los indicadores enciendan la luz verde, hay que arriesgarse.

Notas

0. PRÓLOGO

0.1   *Financial Times.* «12 de enero de 2023».

2. BALLENAS, ELEFANTES Y ALBATROS

2.1   U.S. Energy Information Administration. https://www.eia.gov/energyexplained/us-energy-facts/

2.2   *Scientific American.* «https://www.scientificamerican.com/article/the-ai-boom-could-use-a-shocking-amount-of-electricity/»

2.3   *Forbes.* «https://www.forbes.com/real-time-billionaires/#7feece443d78»

2.4   Vaclav Smil. *Power Density. A Key to Understanding Energy Sources and Uses.* Pag. 49

2.5   R. Wolfson. *Energy, Environment and Climate, 2nd ed.* New York, U.S.A.: Norton, 2012. Page 10.

2.6   C.B. Field, M.J. Behrenfedl, J.T. Randerson, P. Falkowski. «Primary Production of the Biosphere: Integrating Terrestrial and Oceanic Components». *Science Journal.*

2.7   «Photosynthesis. Energy efficiency of Photosynthesis». *Encyclopedia Britannica.* Retrieved 28/03/2024

2.8   «Trophic Pyramid». *Encyclopedia Britannica.* Retrieved 29/03/2024.

2.9   «Blue Whale». *Encyclopedia Britannica.* Retrieved 29/03/2024.

2.10 «What Do Blue Whales Eat? Diet, Eating Habits and Consumption». *Whalefacts.org.*

2.11 «Energy density 4,600 KJ/kg x 0,85 efficiency». *Journal of Experimental Biology* «Mechanics, hydrodynamics and energetics of blue whale lunge feeding: efficiency dependence on krill density».

2.12 «Marine Displacement. Calculations and Formulas. Interesting Facts»

2.13 Dimitry S. «How Much Fuel Does a Cargo Ship Use? Ship Fuel Consumption Explained with Examples». *Maritime Page.* Retrieved 28/03/2024

2.14 www.elephant-world.com/elephant-weight/

2.15 https://weightofstuff.com/list-of-the-10-heaviest-trains-in-the-world

2.16 https://seaworld.org/animals/all-about/elephants/diet/

2.17 https://germinal.com/knowledge-hub/grass-nutritional-value-guide

2.18 theworldsrarestbirds.com/snowy-albatross/

2.19 oceanwide-expeditions.com/to-do/wildlife/wandering-albatross

2.20 Figure 3 - M. Antolos, S. Shaffer, H. Weimerskirch, Y. Tremblay, D. Costa. «Foraging Behavior and Energetics of Albatrosses in Contrasting Breeding Environments».

2.21 Anastasia Kharina, Daniel Rutherford, Ph.D. «Fuel efficiency trends for new commercial jet aircraft: 1960 to 2014». *International Council for Clean Transportation*

2.22 Rahul Verma. «How much energy does ChatGPT consume? 17,000 Times Higher Than That Of The Average Household». March 12, 2024. https://in.mashable.com

2.23 Bar-On YM, Phillips R, Milo R (June 2018). «The biomass distribution on Earth». *Proceedings of the National Academy of Sciences of the United States of America.*

2.24 https://apollo11space.com/why-use-two-different-fuels-for-saturn-v/

4. ABUNDANCIA DE ENERGÍA
4.1   U.S. Energy Information Administration. https://www.eia.gov/tools/faqs/faq. php?id=97&t=3

5. LA MALDICIÓN DE LA EFICIENCIA
5.1   Jeffrey Dahmus and Timothy Gutowsky. «Can Efficiency Improvements Reduce Resource Consumption? A Historical analysis of 10 activities».
5.2   «Defining moments. Rabbits Introduced». *National Museum of Australia*
5.3   Y. Cao. «The invading European rabbits in Australia».
5.4   Ben Thompson. «A TEU - short for Twenty-foot Equivalent Unit -- became the standard unit to help calculate the capacity of container vessels». *Your Global Trade Knowledgebase*.
5.5   H. Jungen. P. Specht. J. Ovens. B. Lemper. «The Rise of Ultra Large Container Vessels. Implications for Seaport Systems and Environmental Considerations».

5.6   «Fuel efficiency gains: airlines compare favorably vs other modes». www.iata.org
5.7   Hannah Ritchie (2024). «What share of global CO_2 emissions come from aviation?» Published online at OurWorldInData.org. Retrieved from: 'https://ourworldindata.org/global-aviation-emissions' [Online Resource]
5.8   IEA (2020), «World air passenger traffic evolution, 1980-2020», IEA, Paris. https://www.iea.org/data-and-statistics/charts/world-air-passenger-traffic-evolution-1980-2020, Licence: CC BY 4.0
5.9   Lisa Hopkinson. Sally Cairns. «Elite Status. Global Inequality in Flying».
5.10 https://www.marineinsight.com/photo-of-the-day/exclusive-photos-inside-the-engine-room-of-worlds-largest-ship-maersk-triple-e/
5.11 https://www.airbus.com/en/products-services/commercial-aircraft/passenger-aircraft/a350-family
5.12 O. Olugbenga, N. Kalyviotis, S. Saxe. «Embodied emissions in rail infrastructure: a critical literature review».
5.13 J. Westin. P Kageson. «Can high speed rail offset its embedded emissions?»
5.14 «WaterSmart. Colorado River Basin». *USGS. Science of a changing world*

6. LA FALACIA DEL DESACOPLAMIENTO DEL CARBONO
6.1   Hannah Ritchie, Pablo Rosado and Max Roser (2023). «Data Page: Primary energy consumption per GDP», part of the following publication: *Energy*. Data adapted from U.S. Energy Information Administration, Energy Institute, Bolt and van Zanden. Retrieved from https://ourworldindata.org/grapher/energy-intensity [online resource]
6.2   S. Singh. «The relationship between growth in GDP and CO2 has loosened; it needs to be cut completely». *International Energy Agency*.
6.3   «GDP per capita (constant US$2015)». *World Bank Group*. data.worldbankgroup.org
6.4   Hannah Ritchie and Max Roser (2020). «CO_2 emissions» Published online at OurWorldInData.org. Retrieved from: 'https://ourworldindata.org/co2-emissions' [Online Resource]
6.5   Hannah Ritchie and Pablo Rosado (2020). «Energy Mix» Published online at OurWorldInData.org. Retrieved from: 'https://ourworldindata.org/energy-mix' [Online Resource]
6.6   «International Energy Outlook 2023». *The U.S. Energy Information Administration.*
6.7   Hannah Ritchie (2020). «Sector by sector: where do global greenhouse gas emissions come from?» Published online at OurWorldInData.org. Retrieved from: 'https://ourworldindata.org/ghg-emissions-by-sector' [Online Resource]
6.8   https://www.cer-rec.gc.ca/en/data-analysis/energy-markets/provincial-territorial-energy-profiles/provincial-territorial-energy-profiles-quebec.html

7. EL PENSAMIENTO PRIMITIVO
7.1   «Table 1. Summary of Cruise Ship Waste Streams». *U.S. Department of Transportation. Bureau of Transportation Statistics. Maritime Administration. U.S. Coast Guard. Maritime Trade and Transportation 2002*. BTS02-01
7.2   «Municipal Waste Generation in the EU, 2020». ec.europa.eu/eurostat
7.3   «World Energy Outlook 2023». *International Energy Agency*

7.4 S. Kaza. L. Yao. P. Bhada-Tata. F. Van Woerden. «What a Waste 2.0. A global Snapshot of Solid Waste Management to 2050». *World Bank Group.*

7.5 G. Alabaster. R. Johnston. F. Thevenon. A. Shantz. «Progress on Wastewater Treatment. Global Status and Acceleration Needs for SDG Indicator 6.3.1. 2021». *UN Habitat and WHO.*

8. LA FACTURA DE LA LIMPIEZA

8.1 https://www.eia.gov/energyexplained/us-energy-facts/images/consumption-by-source-and-sector.pdf

8.2 L.A.Estevez. B. Fallahi. «Fuels of the Future for Renewable Energy Sources (Ammonia, Biofuels, Hydrogen)». January 2021.

8.3 «Carbon Dioxide Capture and Storage. Summary for Policy Makers». *IPCC.*

8.4 M. Yugo, A. Soler. «A look into the role of e-fuels in the transport system in Europe (2030-2050) (Literature review)».

9. EL MUNDO NO ES SUFICIENTE

9.1 https://www.britannica.com/place/Great-Pyramid-of-Giza

9.2 https://www.cia.gov/the-world-factbook/field/coastline/

9.3 H. Ritchie. M. Roser. https://ourworldindata.org/land-use.

9.4 «Primary Energy Consumption Worldwide from 2020 to 2023». www.statista.com

9.5 Vclav Smil. «Power Density of a PV module». *Power Density. A key to understanding Energy Sources and Uses.*

10. SUBIENDO EL MONTE MIJAS

10.1 «Figure O.2. Poverty, Prosperity and Planet Report 2024. Pathways out of the Polycrisis». *World Bank Group*

10.2 «Global Wealth Report 2024. Crafted Wealth Intelligence». www.ubs.com

10.3 «Primary Energy Consumption per Year measured in kw-h per year». *World Bank Group.*

10.4 https://www.eia.gov/energyexplained/energy-and-the-environment/outlook-for-future-emissions.php

E. EPÍLOGO

E.1 «1909 July 19». *Titusville Herald of Pensilvania*

E.2 «1980, October 17». *Syracuse Post Standard (NY)*

E.3 «Number of nuclear reactors under construction worldwide as of July 2024, by country». www.statista.com

Este libro se terminó de imprimir el 2 de mayo de 2025, coincidiendo con el 73º aniversario del primer vuelo comercial del De Havilland Comet, operado por British Overseas Airways Corporation. El Comet realizó una ruta entre Londres y Johannesburgo con varias escalas, inauguró la era de los aviones a reacción y marcó un punto de inflexión en la intensidad energética del transporte humano. Como recuerda el autor a lo largo de estas páginas, un avión comercial consume diariamente un millón de veces más energía que un albatros errante.